Bundeswettbewerb Mathematik

Aufgaben und Lösungen
1972–1978

D1720045

Herausgegeben vom Stifterverband
für die deutsche Wissenschaft, Essen

Verantwortlich: Professor Dr. Gerhard Hess,
Vorsitzender des Kuratoriums der Stiftung
Bundeswettbewerb Mathematik, Bonn-Bad Godesberg

Bearbeitet von Dr. Hermann Frasch, Stuttgart
und K.-R. Löffler, Leverkusen

Ernst Klett   Stuttgart

1. Auflage 1^5 4 3 2 1 / 1982 81 80 79

Die vorliegende Ausgabe (Klett-Nr. 7107) ist gegenüber der letzten Ausgabe (Klett-Nr. 7106)
um die Aufgaben der Jahre 1976 bis 1978 erweitert; die Aufgaben der Schuljahre 1970/71
und 1971/72 wurden gestrichen. Sie hat eine neue Bestellnummer erhalten.
Alle Drucke dieser Auflage können im Unterricht nebeneinander benutzt werden.
Die letzte Zahl bezeichnet das Jahr dieses Druckes.
© Ernst Klett Verlag, Stuttgart 1979
Nach dem Urheberrechtsgesetz vom 9. Sept. 1965 i.d. F. vom 10. Nov. 1972 ist die Vervielfältigung oder Übertragung urheberrechtlich geschützter Werke, also auch der Texte,
Illustrationen und Graphiken dieses Buches, nicht gestattet. Dieses Verbot erstreckt sich
auch auf die Vervielfältigung für Zwecke der Unterrichtsgestaltung – mit Ausnahme der
in den §§ 53, 54 URG ausdrücklich genannten Sonderfälle –, wenn nicht die Einwilligung
des Verlages vorher eingeholt wurde. Im Einzelfall muß über die Zahlung einer Gebühr für
die Nutzung fremden geistigen Eigentums entschieden werden. Als Vervielfältigung gelten
alle Verfahren einschließlich der Fotokopie, der Übertragung auf Matrizen, der Speicherung
auf Bändern, Platten, Transparenten oder anderen Medien.
Druck: Industriedruck Rampf, Stuttgart
ISBN 3-12-710700-5

Inhaltsverzeichnis

Vorwort

1

In Gesprächen zwischen der Stiftung Volkswagenwerk, der Studienstiftung des deutschen Volkes und dem Stifterverband für die Deutsche Wissenschaft wurden im Frühjahr 1970 Möglichkeiten erörtert, einen Bundeswettbewerb Mathematik für Schüler ins Leben zu rufen. Anregungen und Muster gab es genug. Einzelne Bundesländer führten Landeswettbewerbe durch. In verschiedenen Staaten in Ost und West bestanden, teilweise schon jahrzehntelang, nationale Wettbewerbe, die ihrerseits einen übernationalen Wettbewerb für ausgewählte Teilnehmer schufen, die "Internationale Mathematik-Olympiade (IMO)".

Der Stifterverband für die Deutsche Wissenschaft ergriff mit dem Bundeswettbewerb Mathematik die Initiative und veranstaltete mit ideeller Unterstützung der Kultusministerkonferenz im Herbst 1970 den ersten Wettbewerb. Die Studienstiftung hatte sich bereit erklärt, die Bundessieger in ihre Förderung aufzunehmen.

Der erfolgreiche erste Versuch veranlaßte den Stifterverband, die zunächst improvisierte Form des Wettbewerbs auf eine festere Grundlage zu stellen. Das geschah juristisch durch die Errichtung einer Stiftung, die vom Stifterverband treuhänderisch verwaltet und finanziell unterstützt wird. Das ursprüngliche Wettbewerbskomitee wurde durch ein Kuratorium ersetzt. Das Kuratorium, Organ für alle grundsätzlichen und wettbewerbspolitischen Angelegenheiten, setzte nach ihren Funktionen getrennte Ausschüsse für die Ausarbeitung der Aufgaben und für die Auswahl der Bundessieger ein. Für die notwendige personel-

4

le Verzahnung der drei Gremien wurde gesorgt. Das Kuratorium
setzt sich aus Mathematikern aus Hochschule und Schule, dem
Generalsekretär der Studienstiftung, einem Vorstandsmitglied
des Stifterverbandes sowie Vertretern des Bundesministeriums
für Bildung und Wissenschaft, der Kultusministerkonferenz und
der Hauptverwaltung des Stifterverbandes - die letzteren als
ständige Gäste - zusammen und bildet damit eine gemeinsame
Plattform für alle Beteiligten. Für die laufenden organisa-
torischen Arbeiten wurde eine Geschäftsstelle eingerichtet.

Der Bundeswettbewerb Mathematik richtet sich nach Niveau und
Schwierigkeit der gestellten Aufgaben an die Schüler der obe-
ren Klassen aller Schulen im Bundesgebiet, die zur Hochschulreife führen, sowie der Schulen im Ausland, die unter deutscher
Schulaufsicht stehen. Er findet in drei Runden statt. In den
beiden ersten werden jeweils vier Aufgaben gestellt. Die dritte
Runde hat die Form eines Kolloquiums.

Die vier Aufgaben der ersten Runde werden den genannten Schulen
am gleichen Tag mit Informationsmaterial und einem jährlich neu
entworfenen Plakat für den Aushang zugesandt. Die Frist bis zur
Einsendung der Lösungen beträgt zwei Monate. Zuerst wurden nur
Einsendungen berücksichtigt, die Lösungen aller vier Aufgaben
enthielten. Seit 1975 werden - mit der Anwartschaft auf einen
3. Preis - auch die Lösungen von drei Aufgaben angenommen. Die
Korrekturen nehmen etwa zehn Wochen in Anspruch. Danach erhalten alle Teilnehmer der ersten Runde eine Benachrichtigung über
das Ergebnis und die Musterlösungen der vier Aufgaben, die Trä-
ger eines 1., 2. und 3. Preises darüber hinaus Urkunden und eine
Geldsumme zur Anschaffung von mathematischen Büchern. Schulen,
mit mindestens einem 1. Preisträger der ersten Runde erhalten
vom Bundesminister für Bildung und Wissenschaft eine Geldsumme
als Sonderpreis für die Anschaffung von Büchern oder Geräten.

Für die zweite Runde werden den Gewinnern 1. und 2. Preise aus
der ersten Runde persönlich vier Aufgaben eines höheren Schwie-
rigkeitsgrades zugestellt. Sonst ist das Verfahren dem der ersten Runde analog. Doch ist das Kuratorium seit einigen Jahren

dazu übergegangen, die Urkunden und die Geldsummen für Bücher
in regionalen Preisverleihungen auszuhändigen. Eine erste Veranstaltung dieser Art fand zunächst in einem, dann in zwei weiteren und seit 1976 in allen Bundesländern statt. Die Landeskuratorien des Stifterverbandes und - zum erstenmal 1976 -
diesem angehörige Firmen sind maßgeblich an der Durchführung
der Veranstaltungen beteiligt. Von einigen Kultusministern erhalten die Sieger Buchpreise.

Die dritte Runde ist als Kolloquium zwischen dem Auswahlaus-
schuß und den Trägern 1. Preise aus der zweiten Runde organi-
siert. Zwei Mitglieder des Ausschusses erörtern jeweils mit
einem Kandidaten während einer Stunde mathematische Probleme.
Die bestqualifizierten Schüler werden Bundessieger und damit
Angehörige der Studienstiftung, die sie ohne die Verpflich-
tung, Mathematik zu studieren, aufnimmt.

Die Preisverleihung an die Bundessieger findet im Rahmen einer
offiziellen Veranstaltung des Stifterverbandes, wenn möglich
in Verbindung mit einem seiner Landeskuratorien statt. Anspra-
chen von Vertretern von Bundes- und Landesregierung betonen
den repräsentativen Charakter. Vor dem wissenschaftlichen Fest-
vortrag, der mathematischen Problemen gewidmet ist, verleiht
der Vorsitzende des Stifterverbandes gemeinsam mit dem Vor-
sitzenden des Kuratoriums und dem Generalsekretär der Studienstiftung die Urkunden an die Bundessieger. Mehrfache Bundessieger erhalten einen Sonderpreis des Bundesministers für Bildung und Wissenschaft.

2

Soweit die elementaren Tatsachen. Sie zeigen, daß bei der Ein-
richtung und Entwicklung des Bundeswettbewerbs Mathematik eine
Theorie der Wettbewerbe kaum eine Rolle gespielt hat. Vorhande-
ne Wettbewerbe lieferten die Anregungen zu einem System gestuf-
ter Maßstäbe der Auswahl und der Prämiierung. Damit machte sich
der Stifterverband auch die Ziele zu eigen, die solchen Konkur-
renzen zugrunde liegen: wirkungsvolle Unterstützung der Impulse,

die die Schule gibt, Vergrößerung der Chancen, mathematische Begabungen zu entdecken, Anreiz zu selbständiger Entwicklung im spezifischen mathematischen Denken.

Der Weg zur Lösung von Aufgaben ist in den Organen des Bundeswettbewerbs Mathematik nie umstritten gewesen: in den beiden ersten Runden Zustellung der Aufgaben und Ablieferung der Lösungen unter einheitlichen Bedingungen; die Lösung selbst in großzügiger Frist als Arbeit des einzelnen, der sich wohl durch Gedankenaustausch Anregungen verschaffen mag, aber gemäß seiner Erklärung, er habe die Aufgabe selbständig gelöst, handelt. Das Vertrauen in die Selbständigkeit und Ehrlichkeit der Teilnehmer ist die Grundlage des Wettbewerbs in den beiden ersten Runden. Das Kuratorium hat sich in allen Diskussionen davon überzeugt gezeigt, daß diese Basis trägt und - zumal die Bundessieger sich im Kolloquium in der (wiederum persönlichen) Auseinandersetzung mit ihren mathematischen Partnern bewähren müssen - es rechtfertigt, das Verfahren nicht zugunsten eines Klausursystems aufzugeben, wie es viele andere nationale Wettbewerbe, insbesondere in den Oststaaten und die Internationale Mathematik-Olympiade praktizieren.

Die Diskussion über die künftige Teilnahme der Bundesrepublik Deutschland an der Internationalen Mathematik-Olympiade wirft erneut die Frage nach dem Verhältnis der beiden Wettbewerbsverfahren auf. Das System der häuslichen Arbeit ohne Formalisierung der Kontrolle scheint für die ersten Runden im nationalen Rahmen so berechtigt wie das Klausursystem. Da die Internationale Mathematik-Olympiade, schon wegen der jahrelangen Erprobung ihres Verfahrens, an dem letzteren festhalten dürfte, wäre die Beteiligung der Bundesrepublik Deutschland kaum möglich, wenn sie sich nicht diesen Spielregeln fügte. Die Entscheidung darüber ist - wie die Beteiligung selbst - Staatssache. Nur wäre es mißlich, wenn im Falle regulärer Teilnahme - mit allen ihren Konsequenzen einer frühen Auswahl potentieller Kandidaten, eines monate-, evtl. jahrelangen Trainings auf einen bestimmten Typus von Aufgaben - neben dem Bundeswettbewerb Mathematik eine staatliche Wettbewerbsstruktur entstünde. Im Einvernehmen mit den staatlichen Stellen hat der Stifterver-

band jetzt die Aufgabe der Vorbereitung übernommen: Preisträger
der zweiten Runde des Bundeswettbewerbs Mahtematik und des
Wettbewerbs "Jugend forscht" werden zur Teilnahme aufgefor-
dert; Angehörige der Gremien des Bundeswettbewerbs Mathematik organisieren Klausuren, Seminare etc. und begleiten die
Schülerdelegation zur Olympiade.

3

Die Entwicklung des Bundeswettbewerbs Mathematik, den Grad
seiner Bekanntheit, das Interesse der Schüler, die Wirkung
der Information, Motive und Reaktionen der Teilnehmer, das
zahlenmäßige Verhältnis von Teilnehmern und Siegern in den
drei Runden, Zustimmung zu den Aufgaben oder Kritik an ihnen, Beurteilung der Preise und der Art der Preise: all dies
zu beobachten, auf all dies zu reagieren, ist Sache des Kuratoriums.

In der kurzen Geschichte unseres Wettbewerbs gibt es ein Mu-
sterbeispiel für eine intensive, systematische Beschäftigung
mit solchen Fragen und für die erfolgreiche Bewältigung einer
kritischen Situation durch eine überlegte und aktive Wettbe-
werbspolitik. Das Sinken der Zahl der Teilnehmer am Wettbewerb von 1970 bis 1972 war der Anlaß, Vermutungen über die
Gründe die erste Reaktion. Eine von einer Werbefirma veranstaltete Umfrage bei allen Teilnehmern an der ersten Runde
im vierten Wettbewerb gab aufschlußreiche Hinweise, vor allem auf die Wirksamkeit der Information. Ein neues, knapp
unterrichtendes Faltblatt, das bei der Ausschreibung des
vierten Wettbewerbs verwendet worden war, hatte offensichtlich schon verstärktes Interesse erweckt. Die Teilnehmerzahl
stieg fühlbar.
Andere Folgerungen, die das Kuratorium aus diesen Einsichten
zog, bezogen sich zum einen auf weitere Verbesserungen der
Information, z.B. durch engere Zusammenarbeit mit dem Bundes-
ministerium für Bildung und Wissenschaft und vor allem den
Kultusministerien, etwa durch Aufnahme der Ausschreibungen
in den Amtsblättern - nach dem Muster Bayerns -, wo sich an

der Teilnehmerquote schon bisher die Wirksamkeit solcher Ver-
öffentlichungen ablesen ließ. Zum anderen handelte es sich um
Veränderungen im Verfahren, die der Kritik der Teilnehmer Rech-
nung tragen. So wurden Buchpreise in der ersten und zweiten
Runde durch Geldpreise ersetzt. Von größerer psychologischer
Wirkung war der schon erwähnte Beschluß, vom fünften Wettbewerb an nicht ausschließlich die Lösung aller vier Aufgaben
zu verlangen, sondern auch drei gelöste Aufgaben zur Voraussetzung eines - dritten - Preises zu machen.

Der überraschende Anstieg der Teilnehmerzahl von 986 im vierten auf 1991 im fünften, auf 2085 im sechsten, auf 3124 im
siebten Wettbewerb ist aber mit großer Wahrscheinlichkeit
einer weiteren Verbesserung der direkten Unterrichtung der
Schüler zu danken. Zur Information wurde den letzten Ausschreibungen ein großformatiger Prospekt von vier Seiten beigelegt
mit kurzen Nachrichten, Fotografien, Interviews in sehr leben-
diger, abwechslungsreicher Text- und Druckgestaltung. Auch
Rundfunk- und Fernsehsendungen, kurze Artikel in Zeitschrif-
ten u.ä. haben sicher zu diesen Erfolgen beigetragen. Auch
die regionalen Preisverleihungen und das verstärkte Presse-
echo, das sie finden, haben eine positive Wirkung gehabt.

Man wird trotz der erfreulichen Entwicklung der Teilnehmerzahl
nicht annehmen dürfen, daß der Bundeswettbewerb Mathematik mit
einem beliebig steigerbaren Anteil von Interessenten rechnen
kann. Es sind auch gewisse Bedenken laut geworden, ob nicht
weiteres Anwachsen der Zahl das Niveau der Teilnehmer mindern
könnten. Gleichwohl sollten auch weiterhin alle Mittel der Information genutzt werden.

4

Es gibt einige Sonderprobleme, mit denen sich das Kuratorium
und die beiden Ausschüsse auseinanderzusetzen haben. Eines davon ist die Beteiligung der Mädchen am Wettbewerb. Sie liegt
bei durchschnittlich 10 % in der ersten Runde. Aus dieser ge-
ringen Vertretung Schlüsse auf mathematische Begabung der Mädchen zu ziehen, dürfte das Problem nicht treffen. Es liegt wohl

in den Sozialbeziehungen innerhalb der Klassen, die die Teilnahme der Mädchen gerade an einer solchen Konkurrenz eher hem-
men, und an ihrer Selbsteinschätzung, in der sich die gesellschaftliche Rolle der Frau spiegelt. Die Maßnahmen der Information vor dem fünften Wettbewerb haben zweifellos dazu beigetragen, daß 1975 - bei einer Steigerung der Teilnehmerzahl auf
das Doppelte des Vorjahres - 14 % Mädchen sich an der ersten
Runde beteiligten. Doch sank der Anteil im sechsten Wettbewerb
wieder auf 11 %, um im siebten wieder etwas anzusteigen. Die
gesellschaftliche Entwicklung dürfte eher anhaltende Veränderungen bringen als neue Anreize, die man vielleicht schaffen
könnte.

Ein zweites Problem sind die augenfälligen proportionalen und
absoluten Unterschiede in der Teilnehmerzahl und in den Sie-
gerquoten bei den Bundesländern. Eine Klärung der Ursachen
wird noch erschwert durch das jährliche Schwanken der Beteiligung in einigen Ländern. Sicher scheint im Augenblick nur
zu sein, daß Unterschiede in der Information hier eine Rolle
spielen. Das läßt sich wenigstens daraus schließen, daß in
einem Lande wie Bayern ein deutlicher Zusammenhang zwischen
intensiver Unterrichtung - durch das Kultusministerium und
die Schulen - und hoher Teilnehmer- und Siegerzahl sichtbar
ist. Es wird auch vermutet, daß Unterschiede in den Lehrplä-
nen und Unterrichtsformen, die relativ geringere Beteiligung
in großen Städten, das Interesse an eigenen Landeswettbewer-
ben u.a. mehr eine Rolle spielen.
Schließlich bedarf die Frage weiterer Erörterung, ob und wie
eine Ausweitung des Wettbewerbs auf Schulen möglich ist, die
- wie die Berufsschulen - nicht zur Hochschulreife führen.
Grundsätzlich hält es das Kuratorium für wünschenswert, die
Beschränkung der potentiellen Teilnehmer auf die Schulen mit
Abiturabschluß aufzugeben zugunsten einer allgemeinen freien
Ausschreibung. Das Problem sind die unterschiedlichen Voraus-
setzungen bei den Interessenten. Doch hat der Versuch, in den
höheren Schulen auch untere Klassen einzubeziehen, nach gerin-
gen Anfangserfolgen eine günstige Entwicklung genommen. Auch
gibt es zweifellos in den nicht zur Hochschulreife führenden

Schulen Kategorien von Schülern, die sich am Wettbewerb betei-
ligen könnten. Hier bestehen aber organisatorische Schwierig-
keiten. Das Kuratorium will Wege suchen, sie zu lösen.

5

Eine bemerkenswerte Folge des Wettbewerbs ist das Bedürfnis
der Teilnehmer, sich gegenseitig kennenzulernen und in Gedankenaustausch zu treten. Für die Schüler, die in der dritten
Runde im Kolloquium in Kontakt kommen, vor allem die zu Bundessiegern erklärten, ist dieser Wunsch besonders naheliegend.
Ihm wurde seit dem dritten Wettbewerb Genüge getan durch eine
Seminarwoche der Bundessieger, die ein Mathematiker als Mit-
glied des Kuratoriums leitete. Der Ort wechselte. In den Jahren 1976 und 1977 werden die Bundessieger an den von der Studienstiftung eingerichteten Ferienakademien teilnehmen können.
Danach wird das Kuratorium sich schlüssig werden, ob diese
Form der gemeinsamen Weiterbildung fruchtbarer ist als die
bisherigen Seminarwochen.

Daß nicht ein Verlangen nach elitärer Absonderung der Beweg-
grund für die Teilnahme an solchen Veranstaltungen ist, zeig-
te das lebhafte Interesse, das die Teilnehmer der zweiten
Runde an der ersten Regionalzusammenkunft in Düsseldorf nah-
men, bei der zugleich die Preise verteilt wurden. Es waren
dieses Interesse, die Resonanz in den Schulen und bei den El-
tern und die Mitwirkung der Kultusbehörde, die das Kuratorium
veranlaßten, in allen Ländern solche Preisverleihungen einzu-
richten.

Die verbindende Kraft, die so offenkundig vom Bundeswettbewerb
ausgeht, dokumentiert sich beispielsweise in einem Zusammen-
schluß von Bundessiegern, die auch als Studenten untereinander in Verbindung bleiben möchten. Er hat die Form einer Arbeitsgemeinschaft (AMG = Arbeitsgemeinschaft für Mathematik
und Grenzgebiete), die kleine Tagungen veranstaltet und den
erfolgreichen Versuch unternommen hat, mit eigenen Beiträgen
eine mathematische Zeitschrift (amg-info) zu bestreiten. Ab-

gänge werden jährlich durch neue Bundessieger mehr als aus-
geglichen. Mittlerweile werden auch andere interessierte
Schüler aufgenommen. Der Stifterverband unterstützt die Initiative dieser Arbeitsgemeinschaft und übernimmt für die Mitglieder unzumutbare Kosten.

Dieser Bericht über Organisation, Aufgabe und Verfahren, Probleme und Aktivitäten des Bundeswettbewerbs Mathematik erfüllt
sein Ziel, wenn er auch anderen als den Beteiligten einen Ein-
blick in ein Unternehmen vermittelt, mit dem der Stifterverband ein bedeutendes Zeugnis seines am Gemeinwohl orientier-
ten Wirkens geschaffen hat.

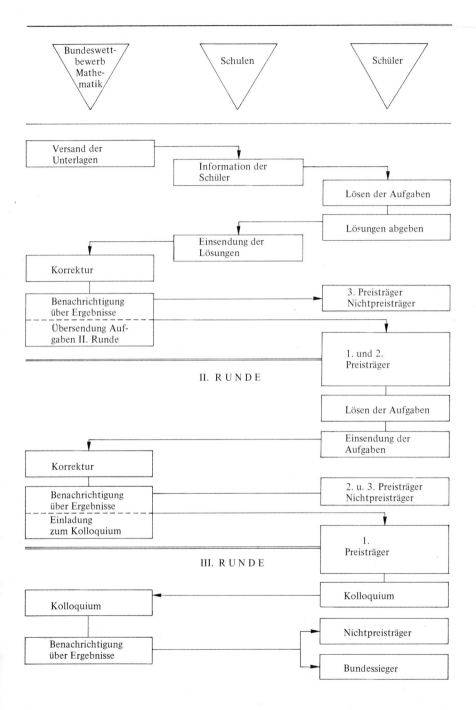

Bundeswett-
bewerb
Mathe-
matik

Schulen

Schüler

Versand der
Unterlagen

Information der
Schüler

Lösen der Aufgaben

Lösungen abgeben

Einsendung der
Lösungen

Korrektur

Benachrichtigung
über Ergebnisse

3. Preisträger
Nichtpreisträger

Übersendung Auf-
gaben II. Runde

II. R U N D E

1. und 2.
Preisträger

Lösen der Aufgaben

Einsendung der
Aufgaben

Korrektur

Benachrichtigung
über Ergebnisse

2. u. 3. Preisträger
Nichtpreisträger

Einladung
zum Kolloquium

III. R U N D E

1.
Preisträger

Kolloquium

Kolloquium

Benachrichtigung
über Ergebnisse

Nichtpreisträger

Bundessieger

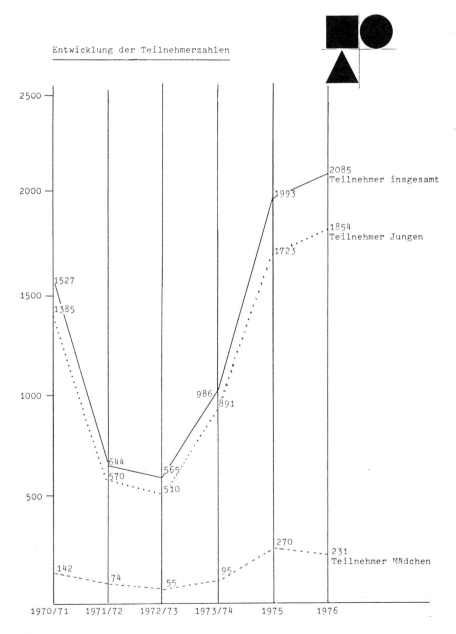

Entwicklung der Teilnehmerzahlen

2085
Teilnehmer insgesamt

1854
Teilnehmer Jungen

231
Teilnehmer Mädchen

Zu den Aufgaben

Die Aufgaben des Bundeswettbewerbs Mathematik sind zunächst für
Schüler der Gymnasien gedacht; trotzdem sind sie aus guten Grün-
den nicht unmittelbar dem Unterrichtsstoff dieser Schulen ent-
nommen. Der Zugang zur Lösung der Aufgaben ergibt sich nicht aus
einem eingelernten und eingeübten Schematismus, einem fertigen
Kalkül, der sich dafür eignet, direkt oder in einer Anwendung ab-
gefragt zu werden. Die Bemühung um die aus vielerlei Gebieten und
Denkansätzen stammenden Aufgaben soll vielmehr zu den Quellen und
Anfängen mathematischen Fragens und Suchens hinführen helfen.
Mathematik hat im wesentlichen mit konkreten Problemen, sprich
Aufgaben, begonnen, und der junge Adept dieser - wie viele mei-
nen - esoterischen Kunst tut gut daran, sich an einfachen und
schwierigeren Aufgaben zu versuchen. Interesse, Neugier, Freu-
de am Denken und logische Konsequenz führen aus fast jedem Problem zu weiteren, allgemeineren, umfassenderen Problemen. Be-
griffe werden geschaffen, geklärt und als wertvolle Hilfe erkannt. Formalismus und progressive Abstraktion gehören nicht in
die Anfangskapitel, sie bedeuten bereits eine späte Stufe mathematischer Entwicklung.

Die Frage, wie man die Lösung mathematischer Aufgaben findet oder
gar wie schnell man sie findet, ist nicht einfach und schon gar
nicht mit ein paar Worten zu beantworten. Es gibt kein sicheres
objektives Maß für den Grad der Schwierigkeit von Problemen. Aber
mit dem Recht des Subjektiven und nicht ohne Witz kann man die
Aufgaben einteilen in solche, die leicht scheinen und leicht sind,
in solche die leicht scheinen, aber schwierig sind, in solche, die
schwierig scheinen, es aber nicht sind, und schließlich in solche,
die schwierig scheinen und es auch sind. Und selbst eine solche
Einteilung ist bei einem strebend sich Bemühenden nicht eindeutig
und endgültig: oft erscheint eine Aufgabe, wenn man ihre Lösung
gefunden hat, im Grunde klar, leicht und einfach. In welche Gruppe
eine Aufgabe zunächst einzureihen ist, ist für ein wenig geübtes
mathematisches Auge kaum sofort zu erkennen. Wohl gibt es einige
bekannte allgemeine Verfahren, mit denen man in vielen Fällen ans

Ziel kommt, und die man beim ersten probierenden Abmessen des
mathematischen Geländes, in dem die Aufgabe beheimatet zu sein
scheint, mit ausprobieren wird. Dazu gehört etwa der Gedanke
der sogenannten vollständigen Induktion, dazu gehört das Dirich-
let'sche Schubfachprinzip, dazu gehört der logisch eigenartige
Denkweg eines indirekten Beweises.

Geistiges Tun - und Mathematik ist in erster Linie ein denkendes
Tun - ist immer auch ein Stück Erinnerung. Wer auf frühere Einsichten und auf erworbene Kenntnisse zurückgreifen kann, hat in
dem Kunstgriff der Analogie zuweilen erheblichen Vorteil. Aber
bei allen Bemühungen um die Lösung nicht-trivialer Aufgaben ist
stets mathematische Phantasie und selbständiges Denken, das eige-
ner Initiative entspringen oder auch die Form eines exakten Nach-
denkens haben kann, erforderlich. Lust am Denken kann beflügeln,
und der Antrieb selbstgewollter Leistung kann mithelfen, die
Spannung auszuhalten, die ein ungelöstes Problem für den tätigen
Verstand bedeuten kann. Wer hat nur den weit verbreiteten Irrtum
aufgebracht, Mathematik sei trocken und langweilig? Man kann über
einen gelungenen Beweis, eine gelungene Konstruktion so entzückt
sein wie über eine hübsche Melodie oder ein schönes Gedicht.

Freilich: Zähigkeit, Wille und Fähigkeit zur Konzentration, Ge-
duld sind unerläßlich; sie helfen mit, jene geheimnisvollen Bah-
nen zu glätten, die das Unterbewußte mit dem formulierfähigen
Bewußten des Menschen verbinden. Sie sind notwendig, aber nicht
hinreichend: daß plötzlich der Funke, der die Lösung bringt,
aufleuchtet, läßt sich nicht kommandieren, nicht erzwingen. Wie
in allen Bereichen menschlichen Tuns helfen Übung und stetige
Bemühung sehr viel. Wer die freudige Genugtuung, ja den Triumph
empfinden will, die eine gelungene Lösung begleiten, wird nicht,
wenn er eine Aufgabe gelesen hat, sofort die Lösung nachlesen.
Um diesem gesunden mathematischen Wollen entgegenzukommen, sind
die Aufgabentexte der Wettbewerbe getrennt von den Lösungen aufgeführt.

16

Wer die Lösung einer Aufgabe gefunden hat, ist damit noch nicht fertig. Fragen der Formulierung, der Darstellung, der Anordnung stehen an, vor allem aber die wichtige Frage nach weiteren, vielleicht kürzeren, ja eleganteren Lösungen. Man sucht nach Weiterungen, nach Verallgemeinerungen, nach Zusammenhängen mit ähnlichen oder anderen Fragestellungen: das weite Feld der Mathematik öffnet sich, reich an Überraschungen und Abenteuern des Denkens.

Aufgaben 1972/73   1. Runde

1. Eine natürliche Zahl besitzt eine tausendstellige Darstellung im Dezimalsystem, bei der höchstens eine Ziffer von 5 verschieden ist. Man zeige, dass sie keine Quadratzahl ist.

2. Von den Punkten A und B eines ebenen Sees kann man in geradliniger Fahrt jeden Punkt des Sees erreichen. Es ist zu zeigen, dass man von jedem Punkt der Strecke AB ebenfalls jeden Punkt des Sees geradlinig erreichen kann.

3. Gegeben sind n Ziffern a_1 bis a_n in vorgesehener Reihenfolge. Gibt es eine natürliche Zahl, bei der die Dezimaldarstellung ihrer Quadratwurzel hinter dem Komma gerade mit diesen Ziffern in der vorgeschriebenen Reihenfolge beginnt? Das Ergebnis ist zu begründen.

4. Um einen runden Tisch sitzen n Personen. Die Anzahl derjenigen Personen, die das gleiche Geschlecht haben wie die Personen zu ihrer Rechten, ist gleich der Anzahl der Personen, für die das nicht gilt. Man beweise, dass n durch 4 teilbar ist.

Aufgaben 1972/73   2. Runde

1. In einem Quadrat mit der Seite 7 sind 51 Punkte mar-
   kiert. Es ist zu zeigen, dass es unter diesen Punkten
   stets drei gibt, die im Innern eines Kreises mit
   Radius 1 liegen.

2. Mit einer im Zehnersystem geschriebenen natürlichen
   Zahl darf man folgende Operationen vornehmen:

           a) am Ende der Zahl 4 anhängen
           b) am Ende der Zahl 0 anhängen
           c) die Zahl durch 2 teilen, wenn sie gerade ist.

   Man zeige, dass man, ausgehend von 4, jede natürliche
   Zahl erreichen kann durch eine Folge der Operationen
   a, b, c.

3. Zum Auslegen des Fußbodens eines rechteckigen Zimmers
   sind rechteckige Platten des Formats 2 mal 2 und solche
   des Formats 4 mal 1 verwendet worden. Man beweise, dass
   das Auslegen nicht möglich ist, wenn man von der einen
   Sorte eine Platte weniger und von der anderen Sorte
   eine Platte mehr verwenden will.

4. Man beweise: Für jede natürliche Zahl n gibt es eine im
   Dezimalsystem n-stellige Zahl aus den Ziffern 1 und 2,
   die durch 2^n teilbar ist.

   Gilt dieser Satz auch in einem Stellenwertsystem der Basis
   4 bzw. 6?

Lösungen 1972/73   1. Runde

1. Aufgabe

1. Beweis:

Die tausendstellige Zahl sei z, ihre Quadratwurzel g. Es
wird nachgewiesen, dass die Annahme $g \in \mathbb{N}$ zu einem Widerspruch führt.
Als Endziffern einer Quadratzahl kommen nur die Ziffern
0, 1, 4, 5, 6, 9 in Frage. Für diese Endziffern lässt sich
folgende Zusammenstellung machen, wobei stets $a \in \mathbb{N}$ ist:

Endziffer von z	Eigenschaft von g	Eigenschaft von $z = g^2$	Widerspruchsargument
0	$g = 10a$	$z = 100a^2$	z würde mindestens 2-mal die Ziffer 0 enthalten.
1	$g = 10a \pm 1$	$z = 10a(10a \pm 2)+1$	$a(10a \pm 2)$ ist gerade; z würde also mindestens zwei von 5 verschiedenen Ziffern enthalten.
4	$g = 2a$	$z = 4a^2$	z endet mit 54, ist also nicht durch 4 teilbar.
5	$g = 10a+5$	$z = 100a(a+1)+25$	$a(a+1)$ ist gerade; z würde also mindestens zwei von 5 verschiedene Ziffern enthalten.
6	Wegen der Quersumme $999 \cdot 5+6$ ist z und damit auch g durch 3 teilbar: $g = 3a$	$z = 9a^2$	z ist nicht durch 9 teilbar.
9	$g = 10a \pm 3$	$z = 10a(10a \pm 6)+9$	$a(10 \pm 6)$ ist gerade; z würde also mindestens zwei von 5 verschiedene Ziffern enthalten.

2. Beweis:

Es werden folgende leicht zu beweisende Sätze benützt:

  (A) Endziffer einer Quadratzahl können nur die Ziffern
      0, 1, 4, 5, 6, 9 sein.

  (B) Eine Quadratzahl hat als Viererrest nur 0 oder 1.

  (C) Eine Quadratzahl hat als Dreierrest nur 0 oder 1.

  (D) Eine Quadratzahl, die Vielfaches von 3 ist, ist
      auch Vielfaches von 9.

Vorausgesetzt werden weiter die Teilbarkeitsregeln für
die Zahlen 3, 4, 5 und 9.

1. Fall: Die 1000-stellige Zahl z enthält entweder nur
       Ziffern 5 oder nur als Endziffer eine von 5
       verschiedene Ziffer. Dann gilt folgende Auf-
       stellung:

Endziffer von z	Argument gegen "Quadratzahl z"
0	(B)
1·	(B)
2	(A) oder (C)
3	(A) oder (D)
4	(B)
5	(B) oder (C)
6	(D)
7	(A)
8	(A) oder (B) oder (C)
9	(B)

2. Fall: z enthält genau eine von 5 verschiedene Ziffer, aber
       nicht als Endziffer. Wäre z Quadratzahl, so würde sie
       als Quadrat einer durch 5 teilbaren Zahl auf 25 enden
       und hätte daher die Quersumme 4997 und somit den Dreier-
       rest 2, was nach (C) nicht möglich ist.

Anmerkung:

Dass die Zahl 1000-stellig ist, wird beim Beweis lediglich für
die Endziffer 6 benützt. Doch spielt auch in diesem Fall die
Anzahl der Stellen keine Rolle, wie im folgenden gezeigt wird.

Satz: $z = 5 \cdot \dfrac{10^k - 1}{9} + 1$ mit $k \in \mathbb{N}$ ist keine Quadratzahl.

Beweis: Es genügt, zu zeigen, dass $y = 9z = 5 \cdot 10^k + 4$ keine
Quadratzahl ist.
Wäre y eine Quadratzahl, so wäre $\sqrt{y} = 10a \pm 2$ mit $a \in \mathbb{N}_o$.

Daraus folgt
$$5 \cdot 10^k + 4 = (10a \pm 2)^2$$
und
$$2^k \cdot 5^k = 4a(5a \pm 2).$$

Es muss daher
$$\frac{a}{5^k} = b \in \mathbb{N} \text{ sein.}$$

Aus $a \gtreqless 5^k$ folgt
$$5a \overset{+}{-} 2 > 4a$$

und
$$2^k \cdot 5^k = 4a(5a \pm 2) > 16a^2 \gtreqless 16 \cdot 5^k \cdot 5^k,$$

also
$$2^k > 16 \cdot 5^k, \text{ was nicht möglich ist.}$$

2. Aufgabe:

Ist P ein beliebiger Seepunkt, dann muss jeder Punkt auf der
geradlinig befahrenen Strecke BP ein Seepunkt sein. Ist nun
X ein beliebiger Punkt der Strecke BP, dann ist auch die Strecke
AX geradlinig befahrbar, sie kann daher nur Seepunkte enthalten.
Dann enthält aber das ganze Dreieck PAB nur Seepunkte. Des-
halb muss, wenn C ein Punkt auf der Strecke AB ist, die im
Dreieck PAB liegende Strecke CP ebenfalls geradlinig be-
fahrbar sein.
Die Überlegung ist auch richtig, falls das Dreieck PAB zu
einer Strecke entartet.

3. Aufgabe

1. Beweis:

Gesucht werden zwei natürliche Zahlen N und g, für die gilt:

$$(1) \quad z_1 = g + \frac{a_1}{10} + \frac{a_2}{100} + \ldots + \frac{a_n}{10^n} < \sqrt{N} < z_2 = z_1 + \frac{1}{10^n} \ .$$

Die Forderung (1) ist erfüllbar, wenn es ein N gibt mit

(2) $$z_1^2 < N < z_2^2 \; .$$

Da $z_2^2 - z_1^2 = \dfrac{2z_1}{10^n} + \dfrac{1}{10^{2n}}$

$$= \frac{2g}{10^n} + \frac{2}{10^n}\Big(\frac{a_1}{10} + \frac{a_2}{100} + \cdots + \frac{a_n}{10^n}\Big) + \frac{1}{10^{2n}} > \frac{2g}{10^n} \quad \text{ist,}$$

folgt für jedes $g \gtreqless \dfrac{10^n}{2}$:

(3) $$z_2^2 - z_1^2 > 1 \, .$$

Für ein solches g gibt es wegen (3) mindestens eine natürliche Zahl N, die (2) und damit (1) erfüllt.

1. Beispiel: Für die Folge 0123456789 kann man $g = 5 \cdot 10^9$ wählen und findet:

$$\sqrt{25\ 00\ 00\ 00\ 00\ 01\ 23\ 45\ 67\ 90} = 5\ 000\ 000\ 000,0123456789..$$

2. Beispiel: Folge 111,   g = 500,

$$\sqrt{250112} = 500,1119...$$

2. Beweis:

Wegen $\left(\sqrt{x+1} - \sqrt{x}\right)\left(\sqrt{x+1} + \sqrt{x}\right) = 1$ ist

$$0 < \sqrt{x+1} - \sqrt{x} < \frac{1}{2\sqrt{x}} \leq 10^{-n} \text{ für } x \gtreqless x_o = \Big(\frac{10^n}{2}\Big)^2 .$$

Da die auf die Quadratzahl x_o folgende Quadratzahl

$$\left(\sqrt{x_o+1}\right)^2 = x_o + 10^n + 1 \text{ ist, zerlegen die } 10^n \text{ Zahlen}$$

(A) $$\sqrt{x_o+k} - \left[\sqrt{x_o+k}\right] \quad \text{für } k = 1, 2, \ldots, 10^n$$

das Intervall $(0;1)$ in $10^n + 1$ Teilintervalle mit Längen $< 10^{-n}$. Daher muss jedes in diesem Intervall liegende Teilintervall der Länge 10^{-n} mindestens eine Zahl aus (A) enthalten. Für das Intervall $(0,a_1 a_2 \ldots a_n; 10^{-n} + 0,a_1 a_2 \ldots a_n)$ sei etwa $\sqrt{x_o + h} - \left[\sqrt{x_o + h}\right]$ eine solche Zahl; dann ist $x_o + h$ eine natürliche Zahl mit der verlangten Eigenschaft.

4. Aufgabe

1. Beweis:

Jeder Person wird eindeutig einer der Buchstaben A, B, C zugeordnet, und zwar

- A, wenn die Person und ihr rechter Nachbar das gleiche Geschlecht haben,
- B, wenn die Person männlich und der rechte Nachbar weiblich ist,
- C, wenn die Person weiblich und der rechte Nachbar männlich ist.

Treten nun die Buchstaben mit der jeweiligen Häufigkeit a, b, c auf, dann ist

$$(1) \qquad\qquad a + b + c = n.$$

Wegen der Geschlossenheit des Personenkreises muss ferner gelten

$$(2) \qquad\qquad b = c.$$

Schliesslich ist nach der Bedingung der Aufgabe

$$(3) \qquad\qquad a = b + c.$$

Aus (1) bis (3) folgt $\quad n = 4b = 4c.$

2. Beweis:

Im Kreis der Personen A_1 bis A_n $(A_{n+1} = A_1)$ wird jeder Person A_i je nach Geschlecht die Zahl $a_i = +1$ oder -1 zugeordnet. Dann ist

$$(1) \qquad\qquad a_{i+1} = e_i a_i \quad \text{mit } e_i = \pm 1$$

Die Anzahl der positiven e_i ist nach der Bedingung der Aufgabe gleich der Anzahl der negativen e_i, also je $\frac{n}{2}$. Multipliziert man die Gleichungen (1), so folgt

$$e_1 e_2 \ldots e_n = 1.$$

Demnach ist die Anzahl $\frac{n}{2}$ der negativen e_i notwendig eine gerade Zahl, also n durch 4 teilbar.

Lösungen 1972/73   2. Runde

1. Aufgabe

Man unterteilt das Quadrat in 25 Teilquadrate mit der Seitenlänge $\frac{7}{5}$. Die Verteilung der 51 markierten Punkte auf die
25 Teilquadrate, deren Ränder den Quadraten zugerechnet werden
sollen, kann nach dem "Schubfachprinzip" nur so sein, dass
auf mindestens ein Teilquadrat mehr als 2 Punkte kommen. Da
die Diagonale eines solchen Teilquadrates die Länge $\frac{7}{5}\sqrt{2} < 2$
hat, liegt es zusammen mit den mindestens 3 markierten Punkten
ganz in dem Kreis mit Radius 1 um den Quadratmittelpunkt.

2. Aufgabe

1. Beweis:

Es wird nachgewiesen, dass durch Anwendung der Umkehroperationen

$\bar{a}$: eine Endziffer 4 streichen

$\bar{b}$: eine Endziffer 0 streichen

$\bar{c}$: die Zahl verdoppeln

jede natürliche Zahl Z nach einigen Schritten in eine
kleinere natürliche Zahl oder 4 übergeführt werden kann,
was für den Beweis der Behauptung ausreicht.
Im folgenden bedeutet:

     – : Ausführung von $\bar{c}$, d.h. Verdopplung der Zahl

     / : Ausführung von $\bar{a}$ oder $\bar{b}$, wodurch
         sich die Zahl auf mindestens den
         10. Teil reduziert.

Endet Z auf eine der Ziffern 0 bis 8, so kommt man auf folgendem Weg zu einer kleineren natürlichen Zahl, wobei jeweils nur die Endziffer einer Zahl angeschrieben wird:

$$
\begin{array}{ll}
0/ & 5 - 0/ \\
1 - 2 - 4/ & 6 - 2 - 4/ \\
2 - 4/ & 7 - 4/ \\
3 - 6 - 2 - 4/ & 8 - 6 - 2 - 4/ \ . \\
4/ &
\end{array}
$$

Im Fall der Endziffer 9 müssen zum Teil mehrfache Fallunterscheidungen gemacht werden, wie aus folgender leicht verständlicher Aufstellung hervorgeht, bei der wieder nur die beiden letzten Ziffern oder nur die Endziffer angeschrieben sind:

$\left.\begin{array}{c}09\\59\end{array}\right\}-18-36-72-44\,/\!/$

$\left.\begin{array}{c}19\\69\end{array}\right\}-38-76-52-04\,/\!/$

$\left.\begin{array}{c}29\\79\end{array}\right\}-58-16-32-64\,/\quad 6-2-4/$

$\left.\begin{array}{c}39\\89\end{array}\right\}-78-56-12-24\,/\quad 2-4\,/$

$\left.\begin{array}{c}49\\99\end{array}\right\}-98-96-92-84\,/\left\{\begin{array}{l}\left.\begin{array}{c}08\\58\end{array}\right\}-16-32-64/\quad 6-2-4\,/ \\[2mm] \left.\begin{array}{c}18\\68\end{array}\right\}-36-72-44/\!/ \\[2mm] \left.\begin{array}{c}28\\78\end{array}\right\}-56-12-24/\quad 2-4\,/ \\[2mm] \left.\begin{array}{c}38\\88\end{array}\right\}-76-52-04/\!/ \\[2mm] \left.\begin{array}{c}48\\98\end{array}\right\}-96-92-84/\left\{\begin{array}{l}\left.\begin{array}{c}08\\58\end{array}\right\}-16-32-64\,/\quad 6-2-4\,/ \\[2mm] \left.\begin{array}{c}18\\68\end{array}\right\}-36-72-44/\!/ \\[2mm] \left.\begin{array}{c}28\\78\end{array}\right\}-56-12-24/\quad 2-4\,/ \\[2mm] \left.\begin{array}{c}38\\88\end{array}\right\}-76-52-04/\!/ \\[2mm] \left.\begin{array}{c}48\\98\end{array}\right\}-96-92-84\,/\quad 8-6-2-4\,/ \end{array}\right.\end{array}\right.$

In allen Fällen kommt man durch das angegebene Verfahren zu
einer Zahl $\leqq \dfrac{2^n}{10^n} \cdot Z < Z$; dabei ist $4 \leqq m \leqq 13$ und $2 \leqq n \leqq 4$.
Im letzten Fall erreicht man eine Zahl $< \dfrac{2^{13}}{10^4} \, Z = 0,8192Z$.

Dieser lange Weg tritt z.B. bei 1249 auf:
1249-2498-4996-9992-19984 / 1998-3996-7992-15984/
1598-3196-6392-12784 / 1278-2556-5112-10224 / 1022; damit
ist zu 1249 die kleinere Zahl 1022 gefunden, von der man
durch $-///-$ schnell zu 4 kommt.

2. Beweis:

Da man jede ungerade Zahl durch Halbieren einer geraden Zahl
erhalten kann, genügt es, nachzuweisen, dass man, ausgehend
von 4, jede gerade natürliche Zahl durch die Operationen
a, b, c erhalten kann.

Es wird gezeigt, wie man durch die Umkehroperationen

$$\bar{a} : \text{eine Endziffer 4 streichen}$$
$$\bar{b} : \text{eine Endziffer 0 streichen}$$
$$\bar{c} : \text{die Zahl verdoppeln}$$

jede gerade natürliche Zahl $\neq 4$ in eine kleinere gerade
natürliche Zahl oder 4 überführen kann, was offenbar zum
Beweis ausreicht.
Es sind 5 Fälle zu unterscheiden:

1.) $10k \xrightarrow{\bar{b}} k \xrightarrow{\bar{c}} 2k$ $\qquad\qquad\qquad$ ($k \in \mathbb{N}$)

2.) $10k+2 \xrightarrow{\bar{c}} 20k+4$ und, falls $k \neq 0$, $\xrightarrow{\bar{a}} 2k$ $\quad$ ($k \in \mathbb{N}_o$)

3.) $10k+4 \xrightarrow{\bar{a}} k \xrightarrow{\bar{c}} 2k$ $\qquad\qquad\qquad$ ($k \in \mathbb{N}$)

4.) $10k+6 \xrightarrow{\bar{c}} 10(2k+1)+2$, weiter nach
   2.) zu $2(2k+1) = 4k+2$ $\qquad\qquad$ ($k \in \mathbb{N}_o$)

5.) $10k+8 \xrightarrow{\bar{c}} 10(2k+1)+6$, weiter nach
   4.) zu $4(2k+1)+2 = 8k+6$ $\qquad\qquad$ ($k \in \mathbb{N}_o$)

3. Aufgabe

1. Beweis:

Das Fussbodenrechteck wird in Parzellen vom Format 1 mal 1
zerlegt. Die a·b Parzellen werden durch die Paare (x,y) mit
$b > x \in N_o$, $a > y \in N_o$ bezeichnet, derart, dass die Paare mit gleichem x-Wert eine Kolonne

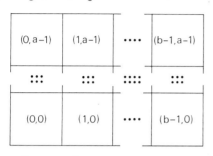

und die mit gleichem y-Wert
eine Zeile bilden. q sei die
Anzahl der Quadratplatten,
s die der in Kolonnen liegenden und w die der in
Zeilen liegenden rechteckigen Platten; dabei seien
$x_1,\ldots,x_q$ bzw. $x_1',\ldots,x_s'$
und $x_1'',\ldots, x_w''$ jeweils die kleinsten x-Werte in den einzelnen
Platten. Summierung über die x-Werte aller Parzellen liefert

$$\frac{1}{2}b(b-1)a = \sum_{i=1}^{q} \left[x_i + x_i + (x_i+1) + (x_i+1) \right] + \sum_{i=1}^{s} 4x_i'$$

$$+ \sum_{i=1}^{w} \left[x_i'' + (x_i''+1) + (x_i''+2) + (x_i''+3) \right]$$

$$= 4 \sum_{i=1}^{q} x_i + 2q + 4 \sum_{i=1}^{s} x_i' + 4 \sum_{i=1}^{w} (x_i''+1) + 2w$$

Also ist

(1) $\frac{1}{4}ab(b-1) \equiv q + w$ (mod 2).

Da aber

(2) $\frac{1}{4}ab = q + s + w,$

so folgt aus (1) und (2)

(3)   b gerade $\Longrightarrow$ s gerade.

Durch Vertauschen von a und b folgt entsprechend

(3')   a gerade $\Longrightarrow$ w gerade.

Aus (3) und (3') ergibt sich

(4)   a, b gerade $\Longrightarrow$ (s + w) gerade.

Weiter folgt aus (1) und (2)

(5)   b ungerade $\Longrightarrow$ (q + w) gerade,

und wegen (3') weiter, da a und b nicht beide ungerade sein
können,

(6)   b ungerade ===⟩ q gerade

und daher auch entsprechend

(6')   a ungerade ===⟩ q gerade.

Wegen (4), (6) und (6') ist bei Austausch einer Platte der
einen Sorte gegen eine der anderen Sorte eine Abdeckung nicht
mehr möglich.

2. Beweis:

Zum Beweis, der "archimedisch" mit Hilfe von Drehmomenten
geführt wird, unterscheidet man bei dem gegebenen Rechteck,
von dessen Seiten a und b höchstens eine eine ungerade Länge
haben kann, zwei Fälle.

1. Fall	2. Fall
a und b sind gerade	a ist ungerade, b ist gerade

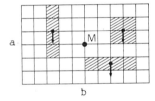
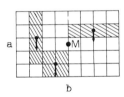

Die Seite a stehe senkrecht, die Seite b liege waagrecht.
Die Summe aller Drehmomente der Überdeckungsplatten bezüglich
einer durch den Mittelpunkt M des Rechtecks gehenden Dreh-
achse ist 0. Nimmt man für jede Platte das Gewicht 1 an, so
darf man die Drehmomente durch die "Arme" ersetzen. Gibt
es nun q quadratische Platten und r = s + w rechteckige Platten,
wobei s senkrecht stehen und w waagrecht liegen, so liefern
für das Gesamtdrehmoment nur die s senkrecht stehenden rechteckigen Platten einen nicht ganzzahligen Beitrag, vielmehr
jeweils einen solchen von 0,5 mod 1. Daraus folgt, weil das
Gesamtdrehmoment 0 ist, dass s eine gerade Zahl ist:

$$s \equiv 0 \mod 2.$$

Dreht man das Rechteck um 90°, so ist für die beiden Fälle
verschieden vorzugehen:

1. Fall	2. Fall

Entsprechend wie oben folgt:

$$w \equiv 0 \bmod 2.$$

Daher ist

$$r = w + s \equiv 0 \bmod 2.$$

2. Fall: Einen nicht ganzzahligen Beitrag
zum Gedamtdrehmoment liefern die
q Quadratplatten und die nunmehr
waagrecht liegenden s Rechteckplat-
platten. Daher

$$q + s \equiv 0 \bmod 2,$$

und folglich

$$q \equiv 0 \bmod 2.$$

In beiden Fällen ist eine Abdeckung mit $q^{\pm}1$ Quadratplatten und
$r^{\mp}1$ Rechteckplatten mit der zuletzt angegebenen Beziehung un-
verträglich. Ausserdem folgt, dass auch die durch $q^{\pm}2$, $s^{\mp}1$,
$w^{\mp}1$ gekennzeichnete Änderung nicht möglich ist.

3. Beweis:

Das in a·b Parzellen des Formats 1 mal 1 unterteilte Rechteck
enthält b Streifen der Länge a. Die bei einer Abdeckung über
4 Streifen gehenden rechteckigen Platten, die "W-Platten", deren

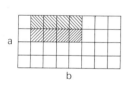
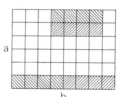

Anzahl w sei, während
s die Anzahl der übrigen
rechteckigen Platten sei,
decken in jedem Streifen
eine solche Anzahl von
Parzellen ab, dass eine
gerade Anzahl von abzudeckenden Parzellen des Streifens für die
anderen Platten, die jeweils 2 oder 4 Nachbarparzellen abdecken,
übrig bleibt.
Es sind zwei Fälle zu unterscheiden:
1. Fall: a gerade, b gerade
    Geht man von Streifen zu Streifen über das ganze Recht-
    eck, so kann die Anzahl der in einem Streifen beginnen-
    den W-Platten nur gerade sein, woraus folgt, dass w
    gerade ist.
    Durch Vertauschung von a und b folgt, dass auch s gerade
    ist. Daher:

$$(w + s) \text{ gerade.}$$

2. Fall: a ungerade, b gerade und durch 4 teilbar

Wie im 1. Fall folgt, dass s gerade ist.

Die W-Platten müssen in jedem Streifen eine ungerade Anzahl von Parzellen abdecken. Geht man wieder von Streifen
zu Streifen weiter, so können, da im 1. Streifen W-Platten
in ungerader Anzahl beginnen, im 2., 3. und 4. Streifen
W-Platten nur in jeweils gerader Anzahl beginnen. Da die
im 1. Streifen beginnenden W-Platten nur bis zum 4. Streifen reichen, müssen die im 5. Streifen beginnenden W-Platten
wieder eine ungerade Anzahl haben, ebenso die im 9. Streifen usw. Insgesamt kommen also $\frac{b}{4}$ —mal W-Platten in ungerader Anzahl vor.

Ist $\frac{b}{4}$ gerade,	Ist $\frac{b}{4}$ ungerade,
so treten die W-Platten in gerader Anzahl auf, so dass (w + s) gerade ist.	so treten die W-Platten in ungerader Anzahl auf, so dass (w + s) ungerade ist.

Ein Tausch einer Platte der einen Sorte mit einer Platte
der anderen Sorte macht daher eine vollständige
Abdeckung unmöglich.

4. Beweis:

Unterteilt man das Rechteck in Quadrate 1 mal 1 und versieht
diese mit den Zahlen 0 bis 3
gemäss nebenstehender Figur,
so deckt eine quadratische
Platte auf vier mögliche
Arten:

0	1	2	3	0	1	2	3	0
1	2	3	0	1	2	3	0	1
2	3	0	1	2	3	0	1	2
3	0	1	2	3	0	1	2	3
0	1	2	3	0	1	2	3	0
1	2	3	0	1	2	3	0	1
2	3	0	1	2	3	0	1	2

0	1		1	2		2	3		3	0
1	2		2	3		3	0		0	1

jeweils 4 Zahlen ab, deren Summe durch 4 teilbar ist. Eine
rechteckige Platte deckt dagegen stets alle 4 verschiedenen
Zahlen, deren Summe beim Teilen durch 4 den Rest 2 lässt.

Beim Tausch einer Platte der einen Sorte gegen eine der anderen Sorte würde also bei einer vollständigen Abdeckung der
rechteckigen Fläche die Summe aller Zahlen beim Teilen durch
4 einen um 2 geänderten Rest lassen, was nicht möglich ist.

5. Beweis:

Färbt man das in Quadrate eingeteilte
Rechteck gemäss nebenstehender Figur
ein, so deckt jede Quadratplatte genau
ein schwarzes Feld, eine rechteckige
Platte dagegen entweder 2 oder 0 schwar-
ze Felder, woraus sich die behauptete
Unmöglichkeit eines Tausches sofort
ergibt.

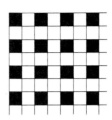

4. Aufgabe

Beweis:

Der Beweis wird sofort für Zahlensysteme der Basis
$4k+2$ $(k \in N)$ geführt. In einem solchen System seien

$$A = a_n a_{n-1} \ldots a_3 a_2 a_1$$

und $\quad B = b_n b_{n-1} \ldots b_3 b_2 b_1 < A$

zwei verschiedene n-stellige Zahlen, die nur die
Ziffern 1 und 2 enthalten. Nimmt man nun an, dass
A und B derselben Restklasse mod 2^n angehören, so muss
$C = A - B = c_m c_{m-1} \ldots c_3 c_2 c_1$ $(m \leq n)$ durch 2^n teilbar
sein. Ist $1 \leq i \leq n$ der kleinste Index, für den
$a_i \neq b_i$, so ist

$$c_1 = c_2 = \ldots = c_{i-1} = 0 \quad \text{und} \quad c_i = \begin{cases} 1 \,, & \text{falls } a_i = 2 \\ 4k+1, & \text{falls } a_i = 1. \end{cases}$$

Da c_i ungerade ist und $4k+2$ den Faktor 2 nur einfach enthält, ist C durch keine höhere Zweierpotenz als 2^{i-1} teilbar. Zwei verschiedene Zahlen A und B können also nicht
derselben Restklasse angehören. Da es 2^n Restklassen und
2^n verschiedene n-stellige Zahlen aus den Ziffern 1 und 2
gibt, gibt es zu jeder Restklasse genau eine solche n-stellige
Zahl. Insbesondere gibt es eine und nur eine n-stellige Zahl
aus den Ziffern 1 und 2, die durch 2^n teilbar ist.

Dasselbe Ergebnis lässt sich durch vollständige Induktion herleiten: Es sei schon bewiesen, dass bei der Basis $g = 4k+2$ die 2^n Zahlen aus den Ziffern 1 und 2 mod 2^n verschieden sind, was für $n = 1$ ja zutrifft. Wären nun $A_{n+1} = B_{n+1}$ zwei verschiedene zur selben Restklasse mod 2^{n+1} gehörende (n+1)-stellige Zahlen aus den Ziffern 1 und 2, die aus den n-stelligen Zahlen A_n und B_n durch Anhängen der mit a_o bzw. b_o bezeichneten Ziffern 1 oder 2 entstanden:

$$A_{n+1} = A_n g + a_o$$
$$B_{n+1} = B_n g + b_o,$$

dann ist, da wegen der Zugehörigkeit von A_{n+1} und B_{n+1} zur selben Restklasse $a_o = b_o$ sein muss,

$$A_n \neq B_n$$

und daher $A_{n+1} - B_{n+1} = (A_n - B_n)g \equiv 0 \bmod 2^{n+1}$.

Folglich $\qquad\qquad (A_n - B_n)(2k+1) \equiv 0 \bmod 2^n$,

so dass A_n und $B_n \neq A_n$ derselben Restklasse angehören müssten – im Widerspruch zur Induktionsvoraussetzung. Es folgt, dass für jedes natürliche n zwei verschiedene n-stellige Zahlen aus den Ziffern 1 und 2 verschiedenen Restklassen mod 2^n angehören.

Einen entsprechenden Satz für Basen der Form $4k$ ($k \in \mathbb{N}$) gibt es nicht, da in solchen Systemen schon keine der beiden 2-stelligen geraden Zahlen 12 und 22 durch 2^2 teilbar ist. Auch für ungerade Basen ist ein entsprechender allgemeiner Satz nicht möglich; z.B. gibt es bei der Basis 9 keine 3-stellige durch 2^3 teilbare Zahl und bei der Basis 3 keine 8-stellige durch 2^8 teilbare Zahl aus den Ziffern 1 und 2.

Die Folge A_j der Zahlen mit der verlangten Eigenschaft für die Basis $4k+2$ ($k \in \mathbb{N}$), wobei $j = 1,2,3,\ldots$ zugleich die Stellenanzahl angibt, lässt sich leicht rekursiv berechnen.

Offensichtlich ist $A_1 = 2$ und $A_2 = 12$. Es sei nun bereits

$$A_n = 2^n \cdot Q \text{ gefunden.}$$

Ist $Q = 2q$ gerade, so fügt man bei A_n als vorderste Ziffer
eine 2 ein und hat dann in

$$A_{n+1} = 2(4k+2)^n + 2^n Q$$
$$= 2^{n+1}(2k+1)^n + 2^{n+1}q$$

die durch 2^{n+1} teilbare (n+1)-stellige Zahl.
Ist Q ungerade, so fügt man bei A_n als vorderste Ziffer eine
1 ein und hat dann in

$$A_{n+1} = (4k+2)^n + 2^n Q$$
$$= 2^n \left[(2k+1)^n + Q\right]$$

die durch 2^{n+1} teilbare (n+1)-stellige Zahl, da in der eckigen
Klammer die Summe zweier ungeraden Zahlen steht.

Anmerkung: Häufig ist die n-stellige Zahl aus den Ziffern
1 und 2 durch eine höhere Zweierpotenz als 2^n
teilbar. Ein Extremfall dieser Art ist die
Sechsersystem-Zahl 2212 = $2^4 \cdot 2^5$.

Aufgaben 1973/74 1. Runde

1. Unter welchen notwendigen und hinreichenden Bedingungen befinden sich unter allen konvexen Formen eines Gelenkvierecks auch Trapeze?

2. Im Innern eines Quadrates mit der Seitenlänge 2 liegen 7 Vielecke vom Flächeninhalt 1. Man zeige, dass es darunter 2 Vielecke gibt, die sich in einer Fläche von mindestens dem Inhalt 1/7 überschneiden.

3. M sei eine Menge mit n Elementen, P sei die Menge aller echten und unechten Teilmengen von M. Wie gross ist die Anzahl der Paare (A,B) wenn A $\in$ P und B $\in$ P und A echte oder unechte Teilmenge von B ist?

4. In einem konvexen Vieleck sind alle Diagonalen gezogen. Man beweise: Jede Seite und jede Diagonale können so mit einem Pfeil versehen werden, dass in Pfeilrichtung kein geschlossener Weg aus Seiten und Diagonalen möglich ist.

Aufgaben 1973/74   2. Runde

1. In einer Ebene sind 25 Punkte so gegeben, dass von irgend drei dieser Punkte stets zwei ausgewählt werden können, deren Entfernung kleiner als 1 ist. Es ist zu zeigen, dass es unter diesen Punkten 13 gibt, die man durch eine Kreisscheibe vom Radius 1 überdecken kann.
Man beweise auch eine Verallgemeinerung dieses Satzes.

2. Von 30 gleich aussehenden Kugeln haben 15 das Gewicht a und 15 das Gewicht b $(b \neq a)$. Sie sollen nach unterschiedlichem Gewicht sortiert werden. Ein damit beauftragter Sortierer legt zwei Haufen von je 15 Kugeln vor und behauptet, die leichteren von den schwereren getrennt zu haben.
Wie kann man mit möglichst wenigen Wägungen auf einer zweischaligen Waage überprüfen, ob die Sortierung richtig ist?

3. In einem Halbkreis H vom Radius 1 über dem Durchmesser AB ist der Kreis K_1 vom Radius $\frac{1}{2}$ einbeschrieben. Eine Folge verschiedener Kreise K_1, K_2, ... mit den Radien r_1, r_2, ... ist dadurch definiert, dass für jede natürliche Zahl n der Kreis K_{n+1} den Halbkreis H, die Strecke AB und den Kreis K_n berührt. Man beweise, dass $a_n = \frac{1}{r_n}$ für n = 1,2, ... ganzzahlig ist, und zwar eine Quadratzahl, wenn n gerade, und das Doppelte einer Quadratzahl, wenn n ungerade ist.

4. Peter und Paul spielen um Geld. Sie bestimmen der Reihe
   nach bei jeder natürlichen Zahl deren grössten ungeraden
   Teiler. Liegt dieser um 1 über einem ganzzahligen Viel-
   fachen von 4, dann zahlt Peter an Paul eine DM, andernfalls Paul an Peter eine DM. Nach einiger Zeit brechen
   sie ab und machen Bilanz. Es ist nachzuweisen, dass
   Paul gewonnen hat.

Lösungen 1973/74   1. Runde

1. Aufgabe

Sind a,b,c,d der Reihe nach die Längen der Stäbe des Gelenkvierecks ABCD, so gilt wie bei jedem Viereck:

(1) $a < b + c + d$
(2) $b < c + d + a$
(3) $c < d + a + b$
(4) $d < a + b + c$.

Nach (1) ist also

(1') $a - c < b + d$.

Aus der Parallelogrammgeometrie ist bekannt, dass ein konvexes
Gelenkviereck, da die Form eines Parallelogramms hat, diese
Form stets hat. Notwendig und hinreichend dafür ist, dass
zugleich $a = c$ und $b = d$.
Im folgenden wird daher angenommen, dass die Gleichungen
$a = c$ und $b = d$ nicht zugleich bestehen.
Ist nun $a > c$ und hat das Viereck die Form eines Trapezes ABCD
mit den parallelen Gegenseiten AB und CD, so lässt sich durch
Ziehen von CE $\parallel$ DA das Trapez in ein Parallelogramm AECD und
ein Dreieck EBC mit den Seitenlängen a-c, b, d aufteilen. In
diesem Dreieck gelten die Dreiecks-
ungleichungen (1'), (4) und (5):

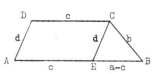

(4) $b < d + (a - c) \Longleftrightarrow a - c > b - d$
(5) $d < b + (a - c) \Longleftrightarrow a - c > d - b$.

(4) und (5) lassen sich zusammenfassen zu

(6) $a - c > |b - d|$.

Der Fall $a < c$ führt zu

(6') $c - a > |b - d|$.

(6) und (6') lassen sich zusammenfassen zu

(6") $|a - c| > |b - d|$.

(6") ist also eine notwendige Bedingung dafür, dass ein Gelenkviereck mit den parallelen Gegenseiten der Längen a und c
existiert.

Für den Fall, dass die parallelen Gegenseiten die mit den
Längen b und d sind, folgt entsprechend die notwendige Bedingung

(7) $|b - d| > |a - c|$.

(6") und (7) lassen sich schliesslich zu der einzigen notwendigen Bedingung für die Existenz eines Trapezes, das nicht zugleich
Parallelogramm ist, zusammenfassen:

(8) $|a - c| \neq |b - d|$.

Diese Bedingung ist aber zusammen mit der vorausgesetzten Existenz des Gelenkvierecks auch hinreichend. Es genügt offensichtlich, den Fall

(9) $a > c$, $b \geq d$, $a - c > b - d$

zu untersuchen.

Für die Existenz eines Dreiecks EBC mit den Seitenlängen
a - c, b, d genügt es, dass die drei Dreieckungleichungen

$$(a - c) < b + d$$
$$b < (a - c) + d$$
$$d < (a - c) + b$$

erfüllt sind. Nach (1') und (9) ist dies der Fall.

Dem Dreieck EBC lässt sich ein Parallelogramm AECD mit den Seitenlängen c und d so anfügen, dass ein Trapez mit den Seitenlängen
a, b, c, d entsteht.

Es ist leicht ersichtlich, dass ein Gelenkviereck, das nach (8)
die Form eines Trapezes annehmen kann, in diese Form übergeführt
werden kann, falls es diese Form nicht schon hat.

Zusätze:

Das Ergebnis lässt sich auch folgendermassen aussprechen:

1) Notwendig und hinreichend für die verlangte Eigenschaft ist
   das Bestehen genau einer der Bedingungen:

$(a - c)^2 + (b - d)^2 = 0$ (Parallelogramm)

$(a - c)^2 - (b - d)^2 > 0$ (Trapez mit BC nicht $\parallel$ DA)

$(a - c)^2 - (b - d)^2 < 0$ (Trapez mit AB nicht $\parallel$ CD)

2) Ist

$$u = (a + b) - (c + d)$$
$$v = (b + c) - (d + a),$$

so besteht eine notwendige und hinreichende Bedingung darin,
dass u und v entweder beide = 0 oder beide $\neq$ 0 sind.

2. Aufgabe

1. Beweis:

Angenommen, die Behauptung sei falsch, d.h. der Durchschnitt
je zweier der Vielecke V_1 bis V_7 habe den Flächeninhalt
$F(V_i \cap V_k) < \frac{1}{7}$ $(1 \leq i < k \leq 7)$.
Daraus würde zunächst folgen

$$F(V_1 \cup V_2) = F(V_1) + F(V_2) - F(V_1 \cap V_2) > 1 + 1 - \frac{1}{7} = 2 - \frac{1}{7}.$$

Weiterhin wäre

$$F(V_1 \cup V_2 \cup V_3) = F(V_1 \cup V_2) + F(V_3) - F(V_1 \cup V_2) \cap V_3))$$
$$= F(V_1 \cup V_2) + F(V_3) - F(V_1 \cap V_3) \cup (V_2 \cap V_3))$$
$$\geq F(V_1 \cup V_2) + F(V_3) - \left[F(V_1 \cap V_3) + F(V_2 \cap V_3)\right]$$
$$> (2 - \frac{1}{7}) + 1 - \left[\frac{1}{7} + \frac{1}{7}\right]$$
$$= 3 - (\frac{1}{7} + \frac{2}{7}).$$

Durch Fortsetzung dieser Schlussweise ergäbe sich schliesslich

$$F(V_1 \cup V_2 \cup \ldots \cup V_7) > 7 - (\frac{1}{7} + \frac{2}{7} + \ldots + \frac{6}{7}) = 4.$$

Das ist aber unmöglich, da der Inhalt der Vereinigung der 7 im
Innern des Quadrats liegenden Vielecke höchstens gleich dem Inhalt des Quadrats sein kann.

2. Beweis:

Der Beweis wird allgemein für eine Fläche mit dem Inhalt Q ge-
führt, in der n Flächenstücke mit je dem Flächeninhalt 1 liegen.
Es wird vorausgesetzt, dass der Durchschnitt je zweier dieser
Vielecke einen Flächeninhalt $< d$ besitzt.

Bezeichnet F_i den Flächeninhalt der Vereinigung der i ersten
Flächenstücke bei irgendeiner gewählten Numerierung, dann
folgt aus der Flächeninhaltsformel

$$F(A \cup B) = F(A) + F(B) - F(A \cap B)$$

leicht
$$F_{i+1} > F_i + 1 - id \quad \text{für } i = 1,2,\ldots,n-1.$$
Folglich ist
$$F_n = F_1 + \sum_{i=1}^{n-1}(F_{i+1} - F_i) > 1 + \sum_{i=1}^{n-1}(1-id) = n - \binom{n}{2}d.$$

Wenn nun $Q \leq n - \binom{n}{2}d$ ist, dann muss es nach vorstehender Abschätzung wenigstens 2 Flächenstücke geben, deren Durchschnitt einen Flächeninhalt $\geq d$ hat. Für die vorliegende Aufgabe trifft dies mit $n = 7$, $d = \frac{1}{7}$ und $Q = 4$ zu.

3. Beweis:

Teilt man die von den 7 Vielecken bedeckte Gesamtfläche in 7 Klassen derart ein, dass A_i ($i = 1,2,\ldots,7$) der Flächeninhalt derjenigen Flächenstücke ist, die von den Vielecken i-mal bedeckt werden, so ist

(1) $A_1 + A_2 + A_3 + A_4 + A_5 + A_6 + A_7 \leq 4$

und

(2) $A_1 + 2A_2 + 3A_3 + 4A_4 + 5A_5 + 6A_6 + 7A_7 = 7.$

Wenn nun bei jedem aus den 7 Vielecken gebildeten Paar der Durchschnitt einen Inhalt $< \frac{1}{7}$ hätte, so ergäbe sich bei den $\frac{6 \cdot 7}{2} = 21$ möglichen Paaren eine Flächeninhaltssumme der Durchschnitte

$$S < 21 \cdot \frac{1}{7} = 3.$$

S, das ohne Beitrag von A_1 ist, enthält A_2 genau einmal, A_3 mehr als 2-mal, A_4 mehr als 3-mal, $\ldots$, schliesslich A_7 mehr als 6-mal, so dass

(3) $A_2 + 2A_3 + 3A_4 + 4A_5 + 5A_6 + 6A_7 \leq S < 3.$

Aus (1) und (3) folgt durch Addition ein Widerspruch zu (2).

4. Beweis:

Die 7 Vielecke würden ohne Überschneidungen eine Fläche vom Inhalt 7 bedecken. Nimmt man an, dass sich je 2 Vielecke in einer Fläche des Inhalts $< \frac{1}{7}$ überschneiden, so reduziert sich der Inhalt der von den Vielecken überdeckten Fläche, da es $\binom{7}{2} = 21$

verschiedene Paare gibt, um weniger als $21 \cdot \frac{1}{7} = 3$. Die über-
deckte Gesamtfläche hat daher einen Inhalt > 4. Da das Quadrat
nur den Inhalt 4 hat, muss es also mindestens ein Paar von
Vielecken mit einem Überschneidungsflächeninhalt $\geq \frac{1}{7}$ geben.

Dass die angegebenen
Schranke $\frac{1}{7}$ nicht durch
eine höhere ersetzt wer-
den kann, zeigt die in
der nebenstehenden Figur
vorgenommene Aufteilung,
bei der V_i (i = 1,2,...,7)
aus den Rechtecken besteht,
in denen die Ziffer i steht.

1	12	13	14	15	16	17	1
12	2	23	24	25	26	27	2
13	23	3	34	35	36	37	3
14	24	34	4	45	46	47	4
15	25	35	45	5	56	57	5
16	26	36	46	56	6	67	6
17	27	37	47	57	67	7	7

3. Aufgabe

1. Beweis:

Für $0 \leq m \leq n$ gibt es jeweils $\binom{n}{m}$ verschiedene Teilmengen von
M, die genau m Elemente enthalten. Jede dieser Teilmengen ent-
hält als Menge von m Elementen 2^m verschiedene Teilmengen.
Daher gibt es für die Bedingung $A \subseteq B \subseteq M$ insgesamt

$$\sum_{m=0}^{n} \binom{n}{m} \cdot 2^m = (2 + 1)^n = 3^n \text{ Möglichkeiten.}$$

2. Beweis:

Die Anzahl der k-elementigen Teilmengen (k = 0,1,...,n) von M
ist $\binom{n}{k}$. Zu jeder k-elementigen Teilmenge T von M gibt es
2^{n-k} Teilmengen von M, zu denen T Teilmenge ist, nämlich die
Vereinigungsmengen von T mit den 2^{n-k} Teilmengen von $M \setminus T$.
Daher ist die Anzahl der Fälle, in denen eine Teilmenge von M
zugleich auch Teilmenge einer Teilmenge von M ist,

$$= \sum_{k=0}^{n} \binom{n}{k} \cdot 2^{n-k} = \sum_{k=0}^{n} \binom{n}{k} \cdot 2^k = (2 + 1)^n = 3^n.$$

3. Beweis:

Die Paare (A,B) mit A $\subseteq$ B $\subseteq$ M sind vermöge

$$X_o = A, \quad X_1 = B \smallsetminus A, \quad X_2 = M \smallsetminus B$$

eineindeutig den geordneten Tripeln (X_o, X_1, X_2) aus paarweise
elementefremden Teilmengen von M zugeordnet, deren Vereinigungs-
menge M ist. Die fragliche Anzahl ist also gleich der Anzahl
dieser Tripel.
Nun liefert jedes solche Tripel eine Abbildung φ: M $\longrightarrow \{0,1,2\}$
und umgekehrt, wenn nämlich für alle $x \in M$ genau dann $\varphi(x) = i$
gesetzt wird, wenn $x \in X_i$ ($0 \leqq i \leqq 2$).
Also ist die Anzahl der Tripel gleich der Anzahl dieser Ab-
bildungen, folglich gleich 3^n.
Dieser rechnungsfreie Beweisgang legt eine Verallgemeinerung
des Satzes auf längere Unterordnungsketten mit dem Ergebnis
k^n nahe.

4. Beweis:

Die Anzahl 3^n, die für die leere Menge richtig ist, ist durch
vollständige Induktion leicht zu bestätigen: Zu jedem Paar
(A,B), das der geforderten Bedingung genügt, treten, wenn man
ein weiteres Element z zu M hinzunimmt, genau zwei weitere
Paare auf, nämlich (A, B $\cup \{z\}$) und (A $\cup \{z\}$, B $\cup \{z\}$). Durch
Hinzunahme eines weiteren Elementes verdreifacht sich also die
Anzahl der Möglichkeiten.

5. Beweis:

Sei M = $\{a_1, a_2, \ldots, a_n\}$.

Die Zuordnung (A,B) $\longmapsto$ $(b_1, b_2, \ldots, b_n)$ mit $b_i = \begin{cases} 1, & \text{falls } a_i \in A \\ 2, & \text{falls } a_i \in B \smallsetminus A \\ 3 & \text{sonst} \end{cases}$

ordnet die Menge der Paare (A,B) bijektiv den n-tupeln aus
1, 2, 3 zu, deren Anzahl 3^n beträgt.

4. Aufgabe

1. Beweis:

Die Punkte des n-Ecks seien mit A_1, A_2, ..., A_n bezeichnet.
Als Orientierung der Verbindungsstrecke je zweier Punkte des

n-Ecks wird

$$\overrightarrow{A_i A_k} \quad \text{für } 1 \leq i < k \leq n$$

festgesetzt.
Mit dieser Festsetzung gibt es keinen Zyklus auf dem n-Eck;
denn die für die Rückkehr zu einem beliebig gewählten Ausgangs-
punkt A_i notwendige Bedingung $\overrightarrow{A_k A_i}$ für wenigstens ein $k > i$
ist nicht erfüllt.

2. Beweis:

Die Behauptung, die für n = 3 (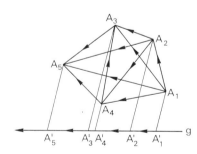) gilt, gelte für

ein n-Eck $A_1 A_2 \ldots A_n$. Für einen weiteren Punkt A_{n+1} werden die
Orientierungen $\overrightarrow{A_{n+1} A_i}$ (i = 1,2,...,n) gewählt. Für das (n+1)-Eck
$A_1 A_2 \ldots A_{n+1}$ ist ein gegenüber dem n-Eck neu auftretender Zyklus
nicht möglich, da ein solcher Zyklus A_{n+1} enthalten und wenig-
stens für ein $k \in \{1,2,\ldots,n\}$ eine Orientierung $\overrightarrow{A_k A_{n+1}}$ existieren
müsste.

3. Beweis:

Der beim 1. Beweis benützte Grundgedanke einer geordneten
Menge erscheint im folgenden in geometrischem Gewand.

Man wähle eine beliebige orien-
tierte Gerade g und eine Parallel-
projektion, die jedem Punkt A_i
(i = 1,2,...,n) einen Bildpunkt
A_i' auf g zuordnet. Die Projektion
sei so gewählt, dass $A_i' \neq A_j'$
für i $\neq$ j. Nun wählt man die
Orientierung von $A_i A_j$ so, dass
ihre Projektion mit der Orientierungs-
richtung von g übereinstimmt. Ein
Zyklus auf dem n-Eck würde in der Projektion einen orientierungs-
treuen Rückkehrweg bedeuten, was der einheitlichen Orientierung
auf g widerspricht.

Lösungen 1973/74   2. Runde

1. Aufgabe

Es wird sofort eine Verallgemeinerung für n Punkte und eine
Verschärfung bewiesen.

Unter den gegebenen Punkten P_i (i = 1,2,...,n) sei die Be-
zeichnung so gewählt, dass

$$a = \overline{P_1P_2} \geqq \overline{P_iP_j} \text{ mit } i,j \in \{1,2,...n\}.$$

1. Fall: $a \leqq 1$

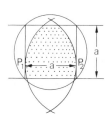

Da $\overline{P_1P_i} \leqq a$ und $\overline{P_2P_i} \leqq a$, liegen alle P_i in dem Kreis-
bogenzweieck, in dem sich die Kreise
(P_1,a) und $P_2,a)$ überschneiden. Wegen
$\overline{P_iP_j} \leqq a$ liegen alle P_i in einem Strei-
fen $\| P_1P_2$ mit der Streifenbreite a.
Daher liegen alle P_i in einem Quadrat
der Seite a und damit auch in einem
Kreis vom Radius $\frac{a\sqrt{2}}{2}$ einer Schranke,
die sich noch unterbieten lässt.

2. Fall: $a > 1$

Die Punkte P_i lassen sich in zwei Klassen K_1 und K_2
einteilen, weil für jedes Punktetripel (P_1,P_2,P_i)
mindestens eine der Ungleichungen $\overline{P_1P_i} < 1$ und $\overline{P_2P_i} < 1$
bestehen muss. In Klasse K_1 kommen alle P_i, für die
$\overline{P_1P_i} < 1$ gilt; in Klasse K_2 kommen alle übrigen P_i,
für die dann $\overline{P_2P_i} < 1$ gelten muss.

Bei geraden n muss nun eine der beiden Klassen minde-
stens $\frac{n}{2}$ Punkte, bei ungeraden n mindestens $\frac{n+1}{2}$ Punkte

enthalten, so dass mindestens eine der Kreisscheiben
$(P_1,1)$ und $(P_2,1)$ $\left\lceil\frac{n+1}{2}\right\rceil$ Punkte der gegebenen Punktemenge
überdeckt.

Auch für $a > 1$ lässt sich zeigen, dass schon Kreisscheiben mit einem Radius < 1 zur Überdeckung ausreichen.
Eine entsprechende Verallgemeinerung des Satzes auf einen Raum
von mehr als zwei Dimensionen liegt nahe.

2. Aufgabe

Die Aufgabe lässt verschiedene Deutungen zu.

Nimmt man an, dass zum Wägen Gewichte aus einem ausreichenden
Gewichtssatz benützt werden können, so kommt man mit einer einzigen Wägung aus, wenn a und b zahlenmässig bekannt sind,
andernfalls mit zwei Wägungen.

Nicht trivial, aber leicht zu lösen ist die Aufgabe, wenn es
genügt, zu überprüfen, ob der eine Haufen nur gleichschwere
Kugeln enthält. Folgende Wägungen, bei denen die Kugeln mit
den Nummern 1 bis 15 bezeichnet sind, führen dann zum Ziel:

	linke Schale							rechte Schale						
1. Wägung	1							2						
2. Wägung	1	2						3	4					
3. Wägung	1	2	3	4				5	6	7	8			
4. Wägung	1	2	3	4	5	6	7	9	10	11	12	13	14	15

Die Sortierung ist dann und nur dann in Ordnung, wenn bei allen
4 Wägungen Gleichgewicht eintritt. Bei dieser Auffassung
der Aufgabe wäre eine Entscheidung mit höchstens 4 Wägungen
auch bei 16 Kugeln möglich.

Interessanter ist der Fall, dass auch zu überprüfen ist, ob
ein bestimmter der beiden Haufen sämtliche Kugeln des kleinen
Gewichts, es sei a, enthält. Es wird behauptet, die Kugeln
a_1, a_2,..., a_{15} des einen Haufens A seien die leichteren,
die Kugeln b_1, b_2, ..., b_{15} des anderen Haufens die schwereren.
Im folgenden bedeutet "Situation F", dass die Sortierung fehler-
haft ist und das Prüfungsverfahren beendet ist. Wird eine der
a-Kugeln als eine leichtere, eine b-Kugel als eine schwerere
erkannt, so bleibt der Index weg.

linke Schale	rechte Schale

1. Wägung: a_1 b_1
   Es gibt 2 Fälle: 1.) rechte Schale sinkt nicht:
                                  "Situation F".

                             2.) rechte Schale sinkt:
                                  a_1 ist leichter, b_1 schwerer.

2. Wägung: b a_2 a_3 a b_2 b_3
   Es gibt 2 Fälle: 1.) rechte Schale sinkt nicht:
                                  "Situation F".

                             2.) rechte Schale sinkt:
                                  die Indices 2 und 3 fallen.

3. Wägung: b b b a_4 a_5 a_6 a_7 a a a b_4 b_5 b_6 b_7
   Es gibt 2 Fälle: 1.) rechte Schale sinkt nicht:
                                  "Situation F".

                             2.) rechte Schale sinkt:
                                  die Indices 4 bis 7 fallen.

4. Wägung: b b b b b b b   a a a a a a a

   a_8 a_9 a_{10} a_{11} b_8 b_9 b_{10} b_{11}

   a_{12} a_{13} a_{14} a_{15} b_{12} b_{13} b_{14} b_{15}

   Es gibt 2 Fälle: 1.) rechte Schale sinkt nicht:
                                  "Situation F".

                             2.) rechte Schale sinkt: der Haufen A
                                  enthält die 15 Kugeln des Gewichts a.

Zur Frage der kleinsten Anzahl von Wägungen:

Für die Kugeln a_i bestehen folgende 16 Situationsmöglichkeiten:

  i Kugeln haben das Gewicht a (i = 0, 1, 2, ..., 15)

Es ist zu untersuchen, ob die einzige richtige, der Fall nämlich, dass 15 Kugeln das Gewicht a haben, vorliegt.

Das Herausfinden einer unter 16 Möglichkeiten ist, wenn nur Alternativentscheidungen wie bei der Waage("sinkt" oder "sinkt nicht",
"Gleichgewicht" oder "nicht Gleichgewicht") getroffen werden,
mit weniger als 4 Alternativentscheidungen nicht möglich, da
erst die 4. Potenz von 2 die Zahl 16 erreicht.

3. Aufgabe

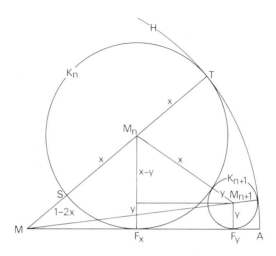

Aus der obenstehenden Figur, in der zwei Kreise K_n und K_{n+1}
mit den Radien x und y in ihren Berührungsverhältnissen gekennzeichnet seien, liest man ab:

(1) $\overline{F_x F_y}^2 = (x+y)^2 - (x-y)^2$ (Pythagoras)

(2) $\overline{MF_x}^2 = \overline{MS} \cdot \overline{MT} = 1-2x$ (Tangentensatz)

(3) $\overline{MF_y}^2 = \qquad 1-2y$ (Tangentensatz)

(4) $\overline{F_x F_y} = \overline{MF_y} - \overline{MF_x}$.

Aus (1) bis (4) folgt:

(5) $\sqrt{1-2y} - \sqrt{1-2x} = \sqrt{4xy}$

Nach zweimaligem Quadrieren findet man:
(6) $6xy = x^2 + y^2 + 4x^2y^2 + 4x^2y + 4xy^2$.
Geht man mit $ax = by = 1$ zu den Reziproken der Radien x und y
über und erweitert (6) mit a^2b^2, so entsteht:
(7) $6ab = a^2 + b^2 + 4 + 4(a+b)$, bzw.

(7') $8ab = (a+b+2)^2$.

(7) gibt den Zusammenhang zwischen $a_n = a$ und $a_{n+1} = b$.
Wegen der in a und b symmetrischen Gleichung muss für $n > 1$ die
2. Lösung b' der nach b aufzulösenden Gleichung a_{n-1} sein,
wie aus der Vertauschung von a und b folgt. Nach dem Satz von
Viète entnimmt man der umgeschriebenen Gleichung (7):

(8) $b^2 + (4-6a) + (a+2)^2 = 0$,   dass

(9) $a_{n+1} + a_{n-1} = 6a_n - 4$

und

(9') $a_{n+1} a_{n-1} = (a_n + 2)^2$.

Da $a_1 = 2$ und – wegen (7') – $a_2 = 4$ natürliche Zahlen sind und
a_1 das Doppelte einer Quadratzahl und a_2 eine Quadratzahl, folgt
durch vollständige Induktion aus (9), dass alle a_i natürliche
Zahlen sind, und damit aus (9'), dass a_{n+1} zugleich mit a_{n-1}
eine Quadratzahl bzw. das Doppelte einer solchen ist.

Die ersten zehn Glieder der Folge sind:
$2 \cdot 1^2$, $4 \cdot 1^2$, $2 \cdot 3^2$, $4 \cdot 5^2$, $2 \cdot 17^2$, $4 \cdot 29^2$, $2 \cdot 99^2$, $4 \cdot 169^2$, $2 \cdot 577^2$, $4 \cdot 985^2$.

Anmerkung 1
Es ist leicht nachzuweisen, dass die Folge $\langle a_i \rangle$ abwechselnd
aus den Doppelten und Vierfachen ungerader Quadratzahlen besteht.

Anmerkung 2
Auch die Glieder der Folge $\langle d_i \rangle$ mit $d_i = a_i - 2$ haben die Eigenschaft, abwechselnd Quadratzahl und das Doppelte einer Quadrat-
zahl zu sein, denn aus
(9) und (9') folgt
(10) und (10') $d_{n+1} + d_{n-1} = 6d_n + 4$ und $d_{n+1} d_{n-1} = (d_n - 2)^2$,
woraus man wegen $d_1 = 0$ und $d_2 = 2$ wie oben folgern kann.

Anmerkung 3
Aus (9) folgt mit $e_n = a_n - 1$:
$$e_{n+1} = 6e_n - e_{n-1}.$$
Der Versuch eines Ansatzes mit der geometrischen Folge

$e_n = aq^n$ führt zu einer quadratischen Gleichung mit den Lösungen $q_1 = (\sqrt{2}+1)^2$ und $q_2 = (\sqrt{2}-1)^2$. Die Folge $\langle e_i \rangle$ erweist sich als eine Linearkombination der Folgen $\langle q_1^i \rangle$ und $\langle q_2^i \rangle$.
Man findet unter Beachtung von $a_1 = 2$ und $a_2 = 4$:

$$a_{n+1} = \frac{1}{2} \left[(\sqrt{2}+1)^n + (\sqrt{2}-1)^n \right]^2.$$

Zur selben Formel kommt man durch eine Inversionsabbildung der Kreisfolge $\langle K_i \rangle$ an dem Kreis um A mit Radius 1 als Inversionskreis.

Anmerkung 4
Die Folge $\langle a_i \rangle$ lässt ebenso wie die Folgen $\langle d_i \rangle$ und $\langle e_i \rangle$ viele weitere Rekursionsformeln zu. Einige seien hier aufgeführt:

$$a_{n+3} - a_n = 7(a_{n+2} - a_{n+1})$$
$$(a_{n+1} - 3a_n + 2)^2 = 8a_n(a_n-2)$$
$$a_{2n-1} = 2(a_n-1)^2$$
$$a_{2n} = 2(a_{n+1}a_n - a_{n+1} - a_n)$$
$$= \left(\frac{a_{n+1} + a_n}{2} - 1 \right)^2.$$

4. Aufgabe

1. Beweis:

Die Menge $G = \left\{ 2^a(k+1) \mid a, k \in \mathbb{N}_o \right\}$
umfasst alle Zahlen, bei denen Paul 1 DM gewinnt, während
die Menge $V = \left\{ 2^a(4k+3) \mid a, k \in \mathbb{N}_o \right\}$
als Elemente alle Zahlen hat, bei denen Paul 1 DM abgeben muss.
Die Elemente von V lassen sich durch die Abbildung:

$$\left| \begin{array}{lll} 2^a \cdot 3 \longrightarrow 2^a \cdot 2 & & a \in \mathbb{N}_o \\ 2^a(4k+3) \longrightarrow 2^a(4k+1) & & a \in \mathbb{N}_o, k \in \mathbb{N} \end{array} \right|$$

eindeutig den Elementen der Menge $G \setminus \{1\}$ zuordnen.
Es gibt also zu jeder Zahl, bei der Paul 1 DM verliert, eine kleinere Zahl, bei der er 1 DM gewonnen hat. Da er ausserdem bei der Zahl 1 gewinnt, beträgt sein Gewinn bei Spielabbruch mindestens 1 DM.

2. Beweis:

Das Spiel wird nach der Zahl n abgebrochen. Die Zahlen der
Menge $M = \{1,2,\ldots,n\}$ werden in Klassen eingeteilt. Die Klasse
K_1 bestehe aus allen ungeraden Zahlen von M; diese sind selbst
jeweils ihre grössten ungeraden Teiler. Die Klasse K_2 bestehe
aus allen Zahlen von M, die durch 2, aber nicht durch 4 teilbar
sind; die Klasse K_3 aus allen Zahlen von M, die durch 4, aber
nicht durch 8 teilbar sind. Die Klasse K_i bestehe aus allen
Zahlen von M, die durch 2^{i-1}, aber nicht durch 2^i teilbar sind;
es sind die Zahlen $2^{i-1} \cdot a$ mit $a = 1,3,5,\ldots,a_i \leq \frac{n}{2^{i-1}}$.
Ist 2^{h-1} die grösste Zweierpotenz $\leq n$, so ist K_h die letzte
Klasse; sie enthält nur die eine Zahl 2^{h-1}.
Die grössten ungeraden Teiler einer jeden Klasse bestehen aus einer
abbrechenden Folge der ungeraden Zahlen 1, 3, 5, ... ; diese
Zahlen haben abwechselnd den Viererrest 1 und 3. In jeder Klasse
ist daher die Anzahl der Zahlen mit grösstem ungeradem Teiler
des Viererrestes 1 entweder gleich der Anzahl der Zahlen mit grösstem
ungeradem Teiler des Viererrestes 3 oder um 1 grösser, je nachdem
die Klasse eine gerade oder eine ungerade Anzahl Elemente enthält.
Daher hat Paul genau so viel DM gewonnen, als es Klassen mit
ungeraden Anzahlen von Zahlen gibt. Sein Gewinn beträgt daher
höchstens h DM und, da die Klasse K_h nur eine einzige Zahl
enthält, mindestens 1 DM.

3. Beweis:

Man setze $f(x) = 1$ bzw. -1, wenn der grösste ungerade Teiler
von x die Form $4m+1$ bzw. $4m+3$ hat $(x \in N, m \in N_0)$. Bei Abbruch
des Spiels nach Untersuchung der Zahl n betrage Pauls Gewinn
$G(n)$ DM. Dann ist

$$G(n) = \sum_{1 \leq x \leq n} f(x) = \sum_{\substack{1 \leq x \leq n \\ x \text{ gerade}}} f(x) + \sum_{\substack{1 \leq x \leq n \\ x \text{ ungerade}}} f(x)$$

Hierbei ist die letzte Summe gleich 0 oder 1, weil ihre Glieder
abwechselnd gleich 1 bzw. -1 sind. Folglich ist

$$G(n) = \sum_{1 \leq x \leq \left[\frac{n}{2}\right]} f(2x) = G(\left[\frac{n}{2}\right]) \text{ , da } f(2x) = f(x) \text{ ist.}$$

Für $2^k \leqq n < 2^{k+1}$ $(k \in \mathbb{N}_0)$ liefert k-malige Anwendung dieser
Schlussweise

$$G(n) \geqq G\left(\left[\frac{n}{2^k}\right]\right) \quad = \quad G(1) = 1, \text{ also } G(n) \geqq 1, \text{ w.z.b.w.}$$

4. Beweis:

Wird das Spiel nach der Untersuchung der Zahl n abgebrochen,
so betrage der Gewinn von Paul G(n) DM. Wird n im Dualzahlsystem
geschrieben, so bedeute Z(n) die Anzahl der Ziffernwechsel der
Ziffern L und O in dieser Darstellung. Dann gilt:
$$G(n) = 1 + Z(n). \tag{1}$$
Diese Beziehung, nach der Paul in jedem Fall mindestens 1 DM gewinnt, ist offensichtlich für n = L und n = LO erfüllt. Zum Beweis durch vollständige Induktion wird vorausgesetzt, dass (1)
für n = k (k $\geqq$ 2) gilt, und gezeigt, dass
$$G(k+1) - G(k) = Z(k+1) - Z(k). \tag{2}$$

Im folgenden bedeutet

   . . . eine beliebige (auch leere) Folge von Ziffern L und 0,
         gegebenenfalls links beginnend mit L,

  O-O eine beliebige (auch leere) Folge von Ziffern 0,

  L-L eine beliebige (auch leere) Folge von Ziffern L.

Dann ist entweder   k = . . . LOL-L und k+1 = . . . LLO-O
      oder   k = . . . OOL-L und k+1 = . . . OLO-O.

Im ersten Fall ist   G(k+1) = G(k) - 1
            und   Z(k+1) = Z(k) - 1,

im zweiten Fall ist   G(k+1) = G(k) + 1
            und   Z(k+1) = Z(k) + 1.

Also ist (2) in beiden Fällen richtig.

Anmerkung: Ist $n = 2^k - 1$, so beträgt Pauls Gewinn 1 DM.
Will Paul h DM gewinnen, darf er frühestens nach Untersuchung
der Zahl H das Spiel abbrechen, wobei

$$H = \begin{cases} 2^{h-1} + 2^{h-3} + \ldots + 2^1 = \frac{2}{3}(2^h - 1), & \text{falls h gerade} \\ \\ 2^{h-1} + 2^{h-3} + \ldots + 2^0 = \frac{1}{3}(2^{h+1} - 1), & \text{falls h ungerade.} \end{cases}$$

Aufgaben 1975   1. Runde

1. In einem ebenen Koordinatensystem werden die Punkte mit
   nicht-negativen ganzzahligen Koordinaten gemäss der unten-
   stehenden Figur numeriert. Z.B. hat der Punkt (3/1) die
   Nummer 12. Welche Nummer hat der Punkt (x/y)?

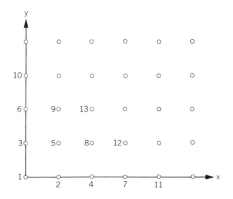

2. Man zeige, dass jedes konvexe Vielflach mindestens zwei
   Flächen mit gleicher Anzahl der Kanten besitzt.

3. Welche Vierecke mit aufeinander senkrecht stehenden Eck-
   linien besitzen zugleich einen Inkreis und einen Umkreis?

4. In Sikinien, wo es nur endlich viele Städte gibt, gehen
   von jeder Stadt drei Strassen aus, von denen jede wieder
   in eine sikinische Stadt führt; andere Strassen gibt es
   dort nicht. Ein Tourist startet in der Stadt A und fährt

nach folgender Regel: Er wählt in der nächsten Stadt die linke Strasse der Gabelung, in der übernächsten die rechte Strasse, dann wieder die linke und so weiter, immer abwechselnd. Man zeige, dass er schliesslich nach A zurückkommt.

Aufgaben 1975   2. Runde

1. a, b, c, d seien verschiedene positive reelle Zahlen.
   Man beweise: Liegt zwischen a und b mindestens eine
   der Zahlen c und d oder zwischen c und d mindestens
   eine der Zahlen a und b, so ist

   ($*$) $\sqrt{(a+b)(c+d)} > \sqrt{ab} + \sqrt{cd}$.

   Andernfalls können die vier Zahlen so gewählt werden,
   dass ($*$) falsch ist.

2. Man zeige, dass keine der Zahlen der Folge
                10001, 100010001, 1000100010001, ...
   eine Primzahl ist.

3. E sei $a_n = \frac{1}{n} (x_1 + x_2 + \ldots + x_n)$ das arithmetische,
   $g_n = \sqrt[n]{x_1 x_2 \ldots x_n}$ das geometrische Mittel der natürlichen
   Zahlen x_1, x_2, ..., x_n . Mit S_n sei die folgende Behauptung bezeichnet: Ist $\frac{a_n}{n}$ eine natürliche Zahl, so ist
   $x_1 = x_2 = \ldots = x_n$. Man beweise S_2 und widerlege S_n
   mindestens für alle geraden $n > 2$.

4. Zwei Brüder haben n Goldstücke vom Gesamtgewicht 2n
   geerbt. Die Gewichte der Stücke sind ganzzahlig, und
   das schwerste Stück ist nicht schwerer als alle übrigen
   Stücke zusammen. Man zeige, dass die Brüder ihr Erbe
   in zwei gleichschwere Teilmengen aufteilen können,
   falls n gerade ist.

Lösungen 1975   1. Runde

1. Aufgabe

Ist $N(x,y)$ die zum Gitterpunkt (x/y) gehörende Nummer, so findet man durch Abzählen längs der Schräglinien von rechts unten nach links oben

(1) $N(0,u) = 1 + 2 + 3 + \ldots + (u+1) = \dfrac{(u+1)(u+2)}{2}$

und

(2) $N(x,y) = N(0,x+y) - x$.

Aus (1) und (2) folgt

$N(x,y) = \dfrac{(x+y+1)(x+y+2)}{2} - x$

Anmerkung: Zur Lösung der umgekehrten Aufgabe, zu einer Nummer n den zugehörigen Gitterpunkt (x_n/y_n) zu finden, bestimmt man die ganze Zahl z aus den Ungleichungen

$$\frac{z(z+1)}{2} < n \leq \frac{(z+1)(z+2)}{2}$$

oder aus

$$\frac{\sqrt{8n+1} - 3}{2} \leqq z < \frac{\sqrt{8n+1} - 1}{2} .$$

Dann ist

$x_n = \dfrac{z(z+3)}{2} - n + 1$ und $y_n = n - 1 - \dfrac{z(z+1)}{2} .$

2. Aufgabe

1. Beweis:

Ist F eine oder die Seitenfläche mit der maximalen Kantenanzahl k, so stehen für die (k+1) Seitenflächen, die aus F und deren K Nachbarflächen bestehen, als jeweilige Kantenanzahlmöglichkeiten nur die natürlichen Zahlen 3, 4,...,k zur Verfügung, deren Anzahl (k-2) ist. Mindestens eine Kantenanzahl muss daher mehr als einmal vertreten sein.

2. Beweis:

Die Annahme, unter den f Seitenflächen eines Vielflachs gebe es
keine zwei mit gleicher Kantenzahl, wird zum Widerspruch geführt.
Da die kleinste Kantenzahl mindestens 3 ist und jede Kante zu
genau 2 Seitenflächen gehört, gilt für die Gesamtanzahl k der
Kanten des Vielflachs:

$$2k \gtreqless 3 + 4 + 5 + \ldots + (f+2)$$

oder

(1) $$k \gtreqless \frac{f(f+5)}{4} .$$

Jede Kante wird durch 2 Eckpunkte des Vielflachs begrenzt; da
in jeder Ecke mindestens 3 Kanten zusammenstossen, gilt für
die Anzahl e der Ecken:

(2) $$e \lesseqgtr \frac{2}{3}k.$$

Aus (2) und der Polyederformel von Euler

$$e + f = k + 2$$

folgt:

(3) $$f \gtreqless \frac{k}{3} + 2 ,$$

und durch Einsetzen von (1) in (3):

$$f \gtreqless \frac{f(f+5)}{12} + 2,$$

woraus sich

$$0 \gtreqless f^2 - 7f + 24 > (f - \frac{7}{2})^2 > 0$$

ergibt, was ein Widerspruch ist. Also gibt es kein Vielflach,
bei dem jede auftretende Kantenanzahl nur einmal vorkommt.

3. Beweis:

Das Vielflach mit e Ecken, f Flächen und k Kanten besitze
e_i Ecken, in denen i Kanten zusammenlaufen, und f_j Flächen, die
von j Kanten begrenzt werden. Dann ist

(1) $e = e_3 + e_4 + e_5 + \ldots$ und $f = f_3 + f_4 + f_5 + \ldots$.

Zählt man die Kanten von den $\genfrac{}{}{0pt}{}{\text{Ecken}}{\text{Flächen}}$ aus, so ergibt sich, da

$\genfrac{}{}{0pt}{}{\text{eine Kante}}{\text{in einer Kante}}$ genau 2 $\genfrac{}{}{0pt}{}{\text{Ecken verbindet}}{\text{Flächen zusammenstossen}}$,

(2) $2k = 3e_3 + 4e_4 + 5e_5 + \ldots$ und $2k = 3f_3 + 4f_4 + 5f_5 + 6f_6 + \ldots$.

Aus (2) folgt

(3) $2 \cdot 2k \gtreqqless 2(3e_3 + 3e_4 + 3e_5 + \dots) = 6e$

und

(4) $2k \gtreqqless 6f - (3f_3 + 2f_4 + f_5)$.

Addition von (3) und (4) gibt:

(5) $6k \gtreqqless 6(e + f) - (3f_3 + 2f_4 + f_5)$.

Wegen der EULER-Formel

$$e + f = k + 2$$

folgt aus (5)

$$3f_3 + 2f_4 + f_5 \gtreqqless 12,$$

was eine erhebliche Verschärfung der Behauptung bedeutet.

3. Aufgabe

Für ein Tangentenviereck mit den Seitenlängen
a, b, c, d gilt:

(1) $a - b = d - c$.

Für ein Sehenviereck mit den Winkeln

$\alpha, \beta, \gamma, \delta$ gilt:

(2) $\alpha + \gamma = \beta + \delta = 180°$.

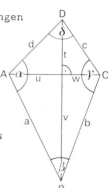

Da die Diagonalen senkrecht aufeinander
stehen, folgt nach dem Satz des Pythagoras
mit Hilfe der Diagonalenabschnitte:

$$a^2 - b^2 = d^2 - c^2$$

oder

(3) $(a + b)(a - b) = (c + d)(d - c)$.

Fall I: Es ist a = b. Dann folgt aus (1) oder (3):   c = d.

Fall II: Es ist a $\neq$ b. Dann folgt aus (1) und (3):

(4) $a + b = c + d$,

und hieraus wegen (1):   a = d und b = c.

Beide Fälle lassen sich darin zusammenfassen, dass zwei Nachbarseiten gleich gross und die beiden anderen Nachbarseiten ebenfalls gleich gross sind. Ein solches Viereck ist ein Drachenviereck.

Die zueinander symmetrich liegenden Winkel müssen wegen (2)
je 90° betragen. Vierecke der verlangten Art sind also Drachen-
vierecke mit zwei rechten Winkeln.

Es ist noch nachzuweisen, dass jedes derartige Drachenviereck
auch die verlangte Eigenschaft besitzt. Das folgt aber sofort aus
der Tatsache, dass ein solches Drachenviereck einen (Thales-)Umkreis
zulässt und die Winkelhalbierer durch einen Punkt gehen.

4. Aufgabe

1. Beweis:

In jede Stadt P führen 3 Strassen; sie mögen die Nummern
1, 2 und 3 haben. Für Zufahrt und Weiterfahrt in P gibt
es genau 6 Möglichkeiten:

   1 P 2,   1 P 3,   2 P 1,   2 P 3,   3 P 1,   3 P 2.

Durch jede dieser 6 Möglichkeiten ist wegen der Fahrtregeln
die weitere Fahrt und die Fahrt nach P hin eindeutig bestimmt. Wird die Fahrt genügend weit fortgesetzt, so gibt
es mindestens eine Stadt S $\neq$ A, die mehr als 6-mal erreicht
worden ist. Spätestens bei der 7. Durchfahrt durch S wird
einer der 6 möglichen Fälle wiederholt. Für diesen Wieder-
holungsfall muss aber die Fahrt wiederum zuvor A erreicht
haben. Also muss jede von A ausgehende Fahrt wieder zu A
führen.

2. Beweis:

Auf einer 2 Städte verbindenden Strasse gibt es 4 Fahrtsituationen: die beiden Fahrtrichtungen können je mit einem
der beiden Fahrbefehle "linke Strasse wählen" und "rechte
Strasse wählen" verbunden sein. Bei genügend langer Fahrt
wiederholt sich wegen der endlichen Anzahl der Strassen auf
mindestens einer Strasse s eine der 4 möglichen Fahrtsituationen.
Da jede dieser möglichen Situationen eindeutig nicht nur den
weiteren Verlauf der Route, sondern auch rückwärts den Weg von
A bis zu der auf s eingetretenen Fahrtsituation bestimmt, muss
bei Wiederholung dieser Fahrtsituation die Route wieder von
A herkommen.

3. Beweis:

Das seltsame Land Sikinien habe ein so umfangreiches Alphabet,
dass man verschiedene Städte auch durch verschiedene Buchstaben
kennzeichnen kann. Dann bezeichnet das aus sikinischen
Buchstaben gebildete unendliche "Wort"

ABCD....MFXBU.....

eine den geographischen Verhältnissen entsprechende, in
A beginnende und den Fahrtregeln gehorchende Route. Durch
jede aus 3 Nachbarbuchstaben bestehende "Silbe" des Wortes
ist wegen der Fahrtregeln das ganze Wort bereits eindeutig
bestimmt. Da es nur endlich viele Silben gibt, muss das
Wort periodisch sein, und die Periode muss bereits bei A
beginnen. Eine Fahrt von A aus führt also wieder nach A,
spätestens nach Durchlaufen der ganzen Periode.

4. Beweis:

Auf jeder der s Strassen, die zwei Städte verbinden, gibt
es vier Fahrtsituationen: die Fahrt kann in jeder der beiden
Richtungen erfolgen und der Fahrtregel entsprechend anschlies-
send die rechte oder linke Strasse nehmen. Zu jeder dieser
4s Fahrtsituationen gibt es eindeutig eine Situation als Nachfolger und eindeutig eine Situation als Vorgänger. Denkt man
sich diese 4s Situationen in einer Zeile angeschrieben und
jeweils unter jeder Situation ihren Nachfolger, so entsteht
eine Permutation der 4s Möglichkeiten. Da jede Permutation
aus Zyklen besteht, kommt auch eine durch den Start in A gegebene
Situation in einem Zyklus vor. Spätestens nach vollständigem
Durchlaufen dieses Zyklus führt die Fahrt nach A zurück.

Anmerkung: Ohne wesentliche Änderung der Beweise lässt sich
auch eine andere Anzahl der von den Städten ausgehenden Strassen
vorschreiben und die Abbiegevorschrift in anderer periodischer
Weise beliebig festsetzen.

Lösungen 1975   2. Runde

1. Aufgabe

Da (*) symmetrisch in a und b und auch in c und d ist, ferner
eine Vertauschung von (a,b) mit (c,d) die Ungleichung (*)
in sich überführt, genügt es, zu beweisen, dass (*) richtig ist
für $a < c < b < d$ und für $a < c < d < b$ und dass (*) falsch sein
kann für $a < b < c < d$.
In den beiden ersten Fällen folgt wegen $d - a > 0$ und $b - c > 0$

$$(d-a)(b-c) + (\sqrt{ad} - \sqrt{bc})^2 > 0$$
$$(a+b)(c+d) - (\sqrt{ab} + \sqrt{cd})^2 > 0$$
$$\Longleftrightarrow \left(\sqrt{(a+b)(c+d)} + (\sqrt{ab} + \sqrt{cd})\right)\left(\sqrt{(a+b)(c+d)} - (\sqrt{ab} + \sqrt{cd})\right) > 0.$$

(*) folgt daraus, dass mit dem ersten Faktor, der > 0 ist, auch
der zweite > 0 sein muss.
Dagegen wird (*) falsch, wenn man z.B.

$a = \frac{1}{n}$, $b = \frac{9}{n}$, $c = n$, $d = 9n$ $(n > 3)$ setzt; dann ist

$a < b < c < d$ und $\sqrt{(a+b)(c+d)} = 10$, aber

$\sqrt{ab} + \sqrt{cd} = \frac{3}{n} + 3n > 10$.
Ein anderes Beispiel liefern die Zahlen 1, 4, 9, 36.

2. Aufgabe

Bezeichnet man die Glieder der Folge mit a_1, a_2, $\ldots$, so sind
wegen $a_{n+2} = 10^8 a_n + (10^4 + 1)$ die Glieder mit ungeraden n alle
durch $10^4 + 1 = 73 \cdot 137$ teilbar. Bei geradem $n = 2k$ aber ist

$$a_n = \frac{10^{4n+4} - 1}{10^4 - 1} = \frac{(100^{2k+1} + 1)(100^{2k+1} - 1)}{101 \cdot 99}$$

$$= (100^n - 100^{n-1} + - \ldots + 1)(100^n + 100^{n-1} + \ldots + 1),$$

wobei beide Faktoren 1 sind.

3. Aufgabe

Es wird bewiesen, dass S_n für $n > 2$ falsch ist.

I. $\underline{S_2 \text{ ist richtig}}$

Für x_1, x_2, $v \in \mathbb{N}$ gelte $a_2 = \dfrac{x_1 + x_2}{2}$, $g_2 = \sqrt{x_1 x_2}$, $a_2 = g_2 v$.

Dabei muss g_2 rational, also als Wurzel aus einer natürlichen Zahl sogar ganzzahlig sein.

x_1, x_2 sind die Lösungen der Gleichungen
$$x^2 - 2a_2 x + g_2^2 = 0.$$

Die Diskriminante
$$D = 4a_2^2 - 4g_2^2 = 4g_2^2(v^2 - 1)$$

ist nur für $v = 1$ eine Quadratzahl. Folglich ist, da $D = 0$, $x_1 = x_2$.

II. $\underline{S_n \text{ ist falsch für gerades } n > 2}$

Man setzt $x_1 = (n-1)^n$ und $x_2 = x_3 = \ldots = x_n = 1$. Dann ist

$$\frac{a_n}{g_n} = \frac{(n-1) + (n-1)^n}{n\sqrt[n]{(n-1)^n}} = \frac{1 + (n-1)^{n-1}}{n}$$

eine natürliche Zahl nach dem Hilfssatz (H):

(H) Sind a, b, $m \in \mathbb{N}$, so ist $a^m + b^m$ durch $(a+b)$ teilbar, wenn m ungerade ist.

Der Beweis für (H) folgt unmittelbar aus der Identität
$$a^m + b^m = (a+b)(a^{m-1} - a^{m-2}b + - \ldots + b^{m-1}) \quad (m \text{ ungerade})$$

III. $\underline{S_p \text{ ist falsch für Primzahlen } p > 2}$

Für $p = 3$ zeigt das Tripel 1, 8, 27 mit $a_3 = 2g_3$, dass S_3 falsch ist.

Für $p > 3$ setzt man $x_1 = (p-2)^{p-1}$, $x_2 = (p-2)(\frac{p-1}{2})^p$,

$x_3 = x_4 = \ldots = x_p = 1$.

Dann ist

$$\frac{a_p}{g_p} = \frac{1 + (p-2)^{p-2} + (\frac{p-1}{2})^p}{\frac{p(p-1)}{2}}.$$

Wir zeigen, dass hier der Zähler Z durch $\frac{p-1}{2}$ und p teilbar
ist, also auch durch ihr Produkt:
Für die Teilbarkeit durch $\frac{p-1}{2}$ genügt es, zu zeigen, dass
$1 + (p-2)^{p-2}$ durch $\frac{p-1}{2}$ teilbar ist. Nach (H) ist jedoch
$1 + (p-2)^{p-2}$ sogar durch p-1 teilbar.
Die Teilbarkeit von Z durch p ergibt sich folgendermassen:

$$2^p Z = 2^p + 2^p(p-2)^{p-2} + (p-1)^p = 2^p + 2^p(up-2^{p-2}) + vp - 1$$

$$= p(2^p u + v) - (2^{p-1}-1)^2 \text{ mit ganzen Zahlen u und v.}$$

Dass $2^{p-1}-1$ durch p teilbar ist, folgt aus dem Kleinen Satz
von Fermat oder daraus, dass bei der binomischen Entwicklung
von $\frac{1}{2}\big((1+1)^p - 2\big)$ alle verbleibenden Summanden durch p teilbar
sind. Da nun p ungerade ist und in $2^p Z$ aufgeht, ist Z durch p
teilbar. Also ist $\frac{a_p}{g_p}$ eine natürliche Zahl.

IV. S_n ist falsch, wenn n ein Vielfaches

einer ungeraden Zahl >1 ist

Es sei p ein Primteiler von n, n = pm, p ungerade. Dann gibt es
nach III. ein p-tupel $x_1, x_2, \ldots, x_p$ aus nicht lauter gleichen
Zahlen, für das $\frac{a_p}{g_p} \in \mathbb{N}$ ist. Für das n-tupel, bestehend aus

m-mal x_1, m-mal x_2, $\ldots$, m-mal x_p,

gilt dann $a_n = a_p$, $g_n = g_p$, also $\frac{a_n}{g_n} \in \mathbb{N}$; und dabei enthält es
nicht lauter gleiche Zahlen.

2. Lösung (nur Widerlegung von S_n für n >2)

Widerlegung von										Summe	Produkt
S_4 durch die Zahlenfolge	81	1	1	1						$21 \cdot 4$	3^4
S_3 " " "		27	8	1						$12 \cdot 3$	6^3
S_5 " " "		27	24	6	2	1				$12 \cdot 5$	6^5
S_7 " " "		36	18	18	6	4	1	1		$12 \cdot 7$	6^7

S_{i+3n} (i= 3,5,7 ; n = 1,2,3,..) durch die Zahlenfolge, die
aus den bei S_i benützten Zahlen und den je n-mal ge-
nommenen bei S_3 benützten Zahlen besteht. Arithmetisches
Mittel ist dann jeweils 12, geometrisches jeweils 6.
Damit ist S_n für n > 2 widerlegt.

4. Aufgabe

1. Lösung:

Der triviale Fall von n gleichschweren Stücken, bei dem für un-
gerades n keine Lösung möglich ist, soll ausser Betracht bleiben.

Mit S_n sei ein Satz von n Stücken der verlangten Eigenschaft bezeichnet. S_n enthält mindestens 1 Stück vom Gewicht 1; denn sonst
wäre das Gesamtgewicht bei ungleichschweren Stücken > 2n.

Von jedem S_{n+1} kann man zu mindestens einem S_n übergehen, indem
man ein Stück vom Gewicht 1 wegnimmt und bei einem beliebigen
Stück, dessen Gewicht > 1 ist, das Gewicht um 1 mindert. Umgekehrt erhält man, wenn man zu allen S_n (n > 2) auf jede mögliche
Weise bei irgendeinem Stück das Gewicht um 1 erhöht und ein Stück
des Gewichts 1 hinzunimmt, jedes mögliche S_{n+1}. Lässt nun jedes
S_n eine Aufteilung in zwei Teilmengen gleichen Gewichts zu, so
lässt sich auch für jedes S_{n+1} eine solche Aufteilung angeben.
Dazu wird das Stück des Gewichts 1 zu derjenigen Teilmenge des
entsprechenden S_n genommen, zu der das um das Gewichts 1 zu er-
höhende Stück nicht gehört. Da es für n = 3 bei dem einzig möglichen
S_3-Fall (1,2,3) die Aufteilung 1+2 | 3 gibt, folgt durch vollständige Induktion, dass für n > 2 eine Aufteilung der verlangten Art
möglich ist.

2. Lösung:

Geht man von dem Fall aus, dass n Stücke des Gewichts 2 vorhanden sind, so lässt sich der Fall, dass Stücke höheren Gewichts vorhanden sind, so erreichen, dass für ein Stück des Gewichts a_i mit $2 < a_i \leq n$ zu einem Stück des Gewichts 2 von

(a_i-2) Stücken des Gewichts 2 je ein Gewicht 1 beigesteuert
wird. Jedem Stück des Gewichts $a_i > 2$ werden dadurch (a_i-2)
Stücke des Gewichts 1 zugeordnet, und jedes Stück des Gewichts 1
lässt sich auf diese Weise eindeutig einem Stück des Gewichts
$a_i > 2$ zuordnen.

Man nimmt nun bei einer Numerierung gemäss $a_1 \geq a_2 \geq a_3 \geq \ldots \geq a_n$
folgende Verteilung auf zwei Mengen A und B vor, wobei a_i ein
Stück des Gewichts a_i bedeutet und (a_i-2) eine durch die Zahl
in der Klammer gegebene Anzahl von Stücken des Gewichts 1:

A: $\quad a_1 \qquad (a_2-2) \qquad a_3 \quad \ldots \ldots \quad a_{x-1} \qquad (a_x-2)$

B: $\quad (a_1-2) \qquad a_2 \qquad (a_3-2) \quad \ldots \ldots \quad (a_{x-1}-2) \qquad a_x$

Ist die Zahl x, bei der die Verteilung zu Ende geht, gerade, so
ist bereits eine Aufteilung der verlangten Art vorhanden.
Geht sie für eine ungerade Zahl x-1 zu Ende, so hat A ein Ge-
wichtsplus von 2 gegenüber B. Eine Gewichtshalbierung wird dann
erreicht, wenn ein Stück vom Gewicht 1 von A nach B genommen wird.
Das ist nur dann nicht möglich, wenn $a_i = 2$ für alle i mit
$1 < i \leq x-1$.

Die Aufteilung
A: $\quad a_1 \qquad - \quad 2 \quad - \ldots \quad 2$
B: $\quad (a_1-2) \quad 2 \quad - \quad 2 \ldots \quad -$

lässt für $a_1 = 2$, da dann nur eine ungerade Anzahl von Stücken
des Gewichts 2 vorliegt, keine Halbierung des Gesamtgewichts zu.
Ist dagegen $a_1 > 2$, so enthält B mindestens 1 Stück des Gewichts 1,
das gegen ein in A sicher vorhandenes Stück des Gewichts 2 ausge-
tauscht werden kann.
Eine Aufteilung in zwei gleichschwere Teilmengen ist also bei
einer beliebigen Stückeanzahl > 1 immer möglich ausser in dem
Fall einer ungeraden Anzahl gleichschwerer Stücke.

3. Lösung (mit Verallgemeinerung):

Es seien $g_1 \geq g_2 \geq g_3 \geq \ldots \geq g_n$ die Gewichte der n Goldstücke des Gesamtgewichts 2n.

Es werden zwei Fälle unterschieden.

1.) $g_n > 1$. Dann ist das Gesamtgewicht 2n nur möglich, wenn $g_1 = g_2 = \ldots = g_2 = 2$. Dieser triviale Fall der Gleichheit aller Einzelgewichte ist leicht zu überschauen.

2.) $g_n = 1$. Hieraus folgt: $g_1 > 2$.

Auf folgende Weise werden zwei Teilmengen T_1 vom Gesamtgewicht a und T_2 vom Gesamtgewicht (2n-a) gebildet ($a \in \{0,1,2,\ldots,n\}$). Man verwendet der Reihe nach die Stücke mit den Gewichten g_1, g_2,..., g_n und teilt sie der Menge T_1 zu, bis entweder das Gesamtgewicht a erreicht ist oder beim Zuteilen des nächsten Stückes überschritten wäre. Die verbleibenden Stücke werden der Menge T_2 zugeteilt, bis entweder das Gesamtgewicht (2n-a) erreicht ist oder beim Zuteilen des nächsten Stückes überschritten wäre. Fährt man so mit wechselseitiger Zuteilung fort, so sind schliesslich mit der letzten Zuteilung von $g_n = 1$ die Stücke in zwei Teilmengen der Gewichte a und (2n-a) verteilt.

Es ist noch nachzuweisen, dass dieses Verfahren sich bis zum letzten Stück fortsetzen lässt.

Liesse sich etwa als erstes das Stück mit dem Gewicht g_k (k < n) weder T_1 noch T_2 zuteilen, so wäre

(1) $g_1 + g_2 + \ldots + g_k + g_k \geq 2n+2$.

Hieraus folgt wegen des Gesamtgewichts 2 n

(2) $g_k \geq 2 + g_{k+1} + g_{k+2} + \ldots + g_n \geq 2 + (n - k) \cdot 1$.

Da offenbar $g_k \geq 2$, muss wegen $g_1 > 2$ gelten:

(3) $g_1 + g_2 + \ldots + g_{k-1} > 2(k-1)$.

Nimmt man noch

(4) $g_{k+1} + g_{k+2} + \ldots + g_n \geq n - k$

hinzu, so folgt durch Addition der Ungleichungen (2), (3) und (4):

$2n = g_1 + g_2 + \ldots + g_n > 2n$, was ein Widerspruch ist.

Also kann es kein k < n geben, bei dem das Verteilungsverfahren abbricht.

Aufgaben 1976   1. Runde

1. Punkte mit ganzzahligen Koordinaten heißen Gitterpunkte.
    Im Raum sind neun Gitterpunkte P_1, P_2, ... P_9 beliebig
    ausgewählt. Man zeige, daß der Mittelpunkt mindestens
    einer der Strecken $P_i P_j$ ($1 \le i < j \le 9$) ebenfalls ein Gitter-
    punkt ist.

2. Jede von zwei Gegenseiten eines konvexen Vierecks ist in
    sieben gleiche Teile geteilt. Die Verbindungsstrecken ent-
    sprechender Teilungspunkte teilen das Viereck in sieben
    Vierecke.
    Man beweise, daß der Flächeninhalt von mindestens einem
    der entstandenen Vierecke = 1/7 des Flächeninhalts des
    ganzen Vierecks ist.

3. Eine Menge S von rationalen Zahlen ist durch ein Baumdia-
    gramm so geordnet, daß jedes Element $\frac{a}{b}$ (a und b teiler-
    fremde natürliche Zahlen) genau die beiden Nachfolger $\frac{a}{a+b}$
    und $\frac{b}{a+b}$ erhält. Wie müssen a und b für das Anfangs-
    element gewählt werden, damit S die Menge aller rationalen
    Zahlen r mit $0 < r < 1$ ist? Man gebe ein Verfahren zur Be-
    stimmung der Anzahl der Schritte vom Anfangselement bis
    zu dem Element $\frac{p}{q}$.

4. In einer Ebene sind n verschiedene Punkte (n > 2) gegeben.
    Jeder dieser Punkte ist mit mindestens einem der anderen
    durch eine Strecke verbunden, und keine dieser Verbindungs-
    strecken überschneidet eine andere. Man beweise, daß es
    höchstens 3n-6 derartige Verbindungsstrecken gibt.

Aufgaben 1976   2. Runde

1. Man beweise, daß $1^1 + 2^n + \ldots + n^n$ durch n^2 teilbar ist, wenn n eine ungerade natürliche Zahl ist.

2. In einer Ebene liegen zwei kongruente Quadrate Q und Q'. Sie sollen so in Teilstücke T_1, T_2, $\ldots T_n$ bzw. T_1', T_2', $\ldots$, T_n' zerschnitten werden, daß T_i durch eine Parallelverschiebung V_i in T_i' übergeführt werden kann für $i = 1, 2, \ldots, n$.

3. Eine Kreislinie ist in 2n gleiche Bögen geteilt, und P_1, P_2, $\ldots$, P_{2n} ist irgendeine Permutation der Teilpunkte. Man beweise, daß der geschlossene Streckenzug $P_1P_2 \ldots P_{2n}P_1$ mindestens ein Paar paralleler Strecken besitzt.

4. Jeder Punkt des dreidimensionalen euklidischen Raumes wird entweder rot oder blau eingefärbt. Man weise nach, daß es unter den in diesem Raum möglichen Quadraten mit der Seitenlänge 1 wenigstens eines mit drei roten Eckpunkten oder wenigstens eines mit vier blauen Eckpunkten gibt.

Lösungen 1976   1. Runde

1. Aufgabe

Die Gitterpunkte des Raumes lassen sich hinsichtlich der
Reste, die sich bei der Division der Koordinaten durch 2
ergeben, in genau acht Klassen einteilen, die durch folgende Koordinatentripel repräsentiert werden:

$(0/0/0)$, $(0/0/1)$, $(0/1/0)$, $(0/1/1)$, $(1/0/0)$, $(1/0/1)$,
$(1/1/0)$, $(1/1/1)$.

Unter neun beliebig gegebenen Gitterpunkten gibt es daher notwendig mindestens zwei, die derselben Klasse angehören. Für ein solches Punktepaar gilt dann, daß der durch
Koordinatenaddition sich ergebende Punkt der Klasse $(0/0/0)$
angehört, und somit der durch Bildung des arithmetischen
Mittels der Koordinaten sich ergebende Punkt ganzzahlige
Koordinaten hat. Das bedeutet, daß der Mittelpunkt der
Verbindungsstrecke dieses Punktepaares ebenfalls ein Gitterpunkt ist.

Anmerkung: Entsprechend läßt sich nachweisen, daß es im n-
dimensionalen Raum $(n \in N)$ unter 2^n+1 beliebig ausgewählten
Gitterpunkten wenigstens ein Paar gibt, dessen Verbindungs-
streckenmittelpunkt ebenfalls ein Gitterpunkt ist.

2. Aufgabe

1. Beweis

Hilfssatz: Wird von einem Dreieck SBC durch eine Strecke TU
mit T auf SB und U auf SC ein Dreieck STU abgeschnitten,
so gilt für die Flächeninhalte f der
beiden Dreiecke:

$$\frac{f(SBC)}{f(STU)} = \frac{\overline{SB} \cdot \overline{SC}}{\overline{ST} \cdot \overline{SU}} \ ,$$

wie sich leicht durch Anwendung des Strahlensatzes und der
Flächeninhaltsformel für Dreiecke ergibt.

Im gegebenen Viereck ABCD, bei dem sich die Verlängerungen
von BA und CD in S schneiden sollen, seien AB durch die
Punkte $A = T_o$, T_1, T_2, ...,T_7 = B und DC durch die Punkte
$D = U_o$, U_1, U_2, ..., U_7 = C in der angegebenen Weise unterteilt. Setzt man noch $\overline{ST}_o$ = x und $\overline{SU}_o$ = y und hat eine Teil-
strecke auf AB die Länge t, eine auf CD die Länge u, so ist
unter Benützung des Hilfssatzes:

$$\frac{f(T_3T_4U_4U_3)}{f(ABCD)} = \frac{f(ST_4U_4) - f(ST_3U_3)}{f(ST_7U_7) - f(ST_oU_o)}$$

$$= \frac{(x + 4t)(y+4u) - (x + 3t)(y + 3u)}{(x + 7t)(y + 7u) - xy}$$

$$= \frac{1}{7}.$$

Ist ABCD ein Trapez mit AB // CD, so folgt
die Behauptung unmittelbar aus der Flächeninhaltsformel für Trapeze.

Anmerkung: Der Beweis läßt sich entsprechend für eine beliebige
ungerade Zahl > 2 führen.

2. Beweis

Im Viereck ABCD seien die Gegenseiten AB und CD in der genannten Weise unterteilt. Die Teilungspunkte auf AB seien mit
$A = T_o$, T_1, T_2, ..., T_7 = B und die auf CD mit $D = U_o$, U_1, U_2,
..., U_7 = C bezeichnet.
Die Dreiecke $T_{i-1}T_iU_i$ (i = 1, 1, ..., 7) haben gleichlange
Seiten $T_{i-1}T_i$, und die Längen der dazugehörigen Dreiecks-
höhen bilden nach dem Strahlensatz eine arithmetische Folge,
da diese Höhen senkrecht zu AB und daher untereinander
parallel sind und durch die gleichabständigen Teilungspunkte
U_i auf CD gehen. Somit bilden auch die Flächeninhalte der
Dreiecke $T_{i-1}T_iU_i$ (i = 1, 2, ..., 7) eine arithmetische Folge. Dasselbe gilt aus entsprechendem Grund für die Flächeninhalte der Dreiecke $U_{i-1}T_{i-1}U_i$ (i = 1, 2, ..., 7).

Vereinigt man für i = 1, 2, ..., 7 je die Dreiecke $T_{i-1}T_iU_i$
und $U_{i-1}T_{i-1}U_i$ zum Teilviereck $T_{i-1}T_iU_iU_{i-1}$, so bilden auch
die Flächeninhalte dieser sieben Teilvierecke eine arithmetische Folge.

Nun hat bei einer 7-gliedrigen arithmetischen Folge bekannt-
lich das 4. Glied einen Wert, der gleich dem siebten Teil der
Summe der Werte aller 7 Glieder der Folge ist; und falls zudem
die Folge konstant ist, gilt dies sogar für jedes ihrer Glieder.

Somit ist der Flächeninhalt des Teilvierecks $T_3T_4U_4U_3$ gleich
dem siebten Teil des Flächeninhalts des ganzen Vierecks ABCD;
und falls zudem AB und CD parallel sind, gilt dies sogar für
alle sieben Teilvierecke.

3. Beweis

In den Figuren

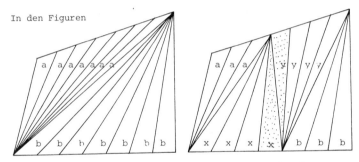

sind zwei kongruente Vierecke nach Aufteilung zweier Gegenseiten in je sieben gleiche Teile auf verschiedene Weise in
Teildreiecke zerlegt. In den Dreiecken mit gleicher Grundseite und gleicher Höhe ist jeweils derselbe Buchstabe für
den Flächeninhalt eingetragen. f sei der Flächeninhalt der
Vierecke.

Den beiden Figuren entnimmt man

$$f = 7a + 7b = 3a + 4x + 4y + 3b,$$

woraus

$$x + y = a + b = \frac{1}{7} f$$

folgt, so daß das punktierte Teilviereck der 2. Figur die
verlangte Eigenschaft besitzt.

4. Beweis

Im konvexen Viereck ABCD sei $A_1B_1C_1D_1$ das mittlere der Teilvierecke, $\overline{AB}$ habe die Länge a, $\overline{CD}$ die Länge c, M sei der
Mittelpunkt von $\overline{AB}$, N der Mittelpunkt $\overline{CD}$; h_1, h_2, h_{12}
seien die Längen der Lote von C, D, N auf AB und h_3, h_4,
h_{34} die Längen der Lote von A, B, M auf CD.

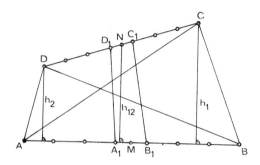

Nach einem bekannten Trapezsatz ist

$$h_{12} = \frac{h_1 + h_2}{2} \quad \text{und} \quad h_{34} = \frac{h_3 + h_4}{2} .$$

Für die Flächeninhalte F gilt nun:

$$2 \cdot F(ABCD) = F(ABC) + F(ABD) + F(CDA) + F(CDB)$$

$$= \frac{ah_1}{2} + \frac{ah_2}{2} + \frac{ch_3}{2} + \frac{ch_4}{2}$$

$$= ah_{12} + ch_{34}.$$

Entsprechend findet man für das Viereck $A_1B_1C_1D_1$:

$$2 \cdot F(A_1B_1C_1D_1) = \frac{a}{7}h_{12} + \frac{c}{7}h_{34}, \quad \text{womit die Behauptung}$$
bewiesen ist.

3. Aufgabe

1) Jedes Element $\frac{a}{b}$ von S muß ein echter Bruch sein, da S mit
   der Menge M der rationalen Zahlen zwischen 0 und 1 identisch sein soll, und zudem nach Voraussetzung ein unkürzbarer Bruch. Beides ist verträglich mit der Nachfolger-
   regelung, denn sämtliche Nachfolger sind echte Brüche, und
   sowohl a als auch b sind zu a+b teilerfremd. Es muß also
   noch das Anfangselement als unkürzbarer echter Bruch bestimmt werden.
   Da die Nachfolger $\frac{a}{a+b}$ und $\frac{b}{a+b}$ stets zusammen auftreten
   und ihre Summe 1 ist, könnte $\frac{1}{2}$ als Nachfolger nur auftreten, wenn a = b, was unmöglich ist. Da $\frac{1}{2} \in M$ und daher $\frac{1}{2} \in S$,
   kann als Anfangselement nur $\frac{1}{2}$ in Frage kommen.
   Das Baumdiagramm hat bis zu den 4. Nachfolgern folgendes
   Aussehen:

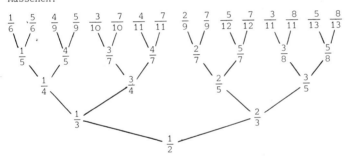

   Es enthält am linken Rand die Folge der Stammbrüche, am
   rechten Rand die echten Brüche aus Nachbarzahlen der
   Fibonacci-Folge 1 1 2 3 5 8 ... (mit dem Bildungsgesetz:
   $f_{n+2} = f_{n+1} + f_n$).

2) Es ist zu zeigen, daß S = M. Da jedes Element von S auch
   Element von M ist, bleibt nur nachzuweisen, daß jeder un-
   kürzbare Bruch $\frac{p}{q} \in M$ in S enthalten ist.
   Für das Anfangselement $\frac{1}{2}$ ist das klar.

Für $\frac{p}{q} \neq \frac{1}{2}$ ordnet man dem Bruch $\frac{p}{q}$ in folgender Weise einen

Bruch $v(\frac{p}{q}) = \frac{p_1}{q_1}$ (mit teilerfremden natürlichen Zahlen p_1 und q_1) zu:

$$v(\frac{p}{q}) = \begin{cases} \frac{q-p}{p}, & \text{falls } \frac{p}{q} > \frac{1}{2} \\ \\ \frac{p}{q-p}, & \text{falls } \frac{p}{q} < \frac{1}{2} \end{cases}$$

Dann ist $v(\frac{p}{q})$ ein unkürzbarer Bruch aus M; sein Nenner ist kleiner als q, und wenn $v(\frac{p}{q}) \in S$ ist, dann ist $\frac{p}{q}$ einer der beiden Nachfolger von $v(\frac{p}{q})$ im Baumdiagramm.

Ist dabei $\frac{p_1}{q_1} = \frac{1}{2}$, so bricht man ab. Ist das Anfangselement noch nicht erreicht, so läßt sich $v(\frac{p_1}{q_1})$ bilden usf. Durch Wiederholung dieses Schritts ergibt sich die Folge

$$\frac{p}{q} , \quad v(\frac{p}{q}) = \frac{p_1}{q_1} , \quad v(\frac{p_1}{q_1}) = \frac{p_2}{q_2} , \quad ...,$$

in der alle Glieder unkürzbare Brüche aus M sind. Da die Nenner von Glied zu Glied um mindestens 1 abnehmen, muß die Folge mit einem Glied $\frac{p_n}{q_n} = \frac{1}{2}$ abbrechen.

Nun folgt rückwärts:

$$\frac{1}{2} = \frac{p_n}{q_n} \in S , \quad \frac{p_{n-1}}{q_{n-1}} \in S , \quad ... , \quad \frac{p}{q} \in S, \text{ w.z.b.w.}$$

3) Gleichzeitig ist damit ein Verfahren zur Abzählung der Schritte von $\frac{1}{2}$ bis $\frac{p}{q}$ angegeben; die Anzahl dieser Schritte ist gleich n, da $\frac{p}{q}$ im Baumdiagramm nur einmal auftreten kann.

Eine einfache Formulierung der Anzahl n der Schritte von $\frac{1}{2}$ bis $\frac{p}{q}$ ergibt sich durch Verwendung der Kettenbruchentwicklung $\frac{p}{q} = \cfrac{1}{a_1 + \cfrac{1}{a_2 + \cfrac{1}{\ddots \cfrac{}{a_{k-1} + \cfrac{1}{a_k}}}}}$.

4. Aufgabe

Vorbemerkung:

Der Versuch, die Behauptung durch vollständige Induktion zu
beweisen, mißlingt, wenn man, von dem Fall n = 3 ausgehend,
fortlaufend einen weiteren Punkt mit jeweils maximal drei
neuen Verbindungsstrecken hinzunimmt. Dabei wird nur bewiesen, daß 3n-6 als Streckenanzahl auftritt, nicht aber, daß
es die höchstmögliche ist. Es fehlt der Nachweis, daß man
bei diesem Vorgehen jede mögliche Streckenkonfiguration für
jede Lage von n Punkten erhält. Es ist ja nicht selbstver-
ständlich, daß man stets über eine Konfiguration für n-1
Punkte mit maximaler Streckenanzahl zu einer Konfiguration
für n Punkte mit maximaler Streckenanzahl aufsteigen kann.
Wenn das zutrifft - und es trifft zu -, muß es bewiesen werden.

1. bis 3. Beweis

Für eine maximale Anzahl k_{max} von Verbindungsstrecken (im
folgenden mit "Kanten" bezeichnet) kommen nur solche Fälle
in Frage, bei denen die n Punkte von einem konvexen h-Eck H,
einer "konvexen Hülle", umschlossen sind, so daß i Punkte im
Innern von H und n-i Punkte in den Ecken von H oder auf dessen Seiten liegen $(0 \leqq i \leqq n-3)$. Für ein k_{max} ist außerdem erforderlich, daß durch h-Ecks in f Dreiecke, eine "Triangulation",
entsteht.
Zählt man die Kanten von Dreiecken aus, so findet man

(1) $3f = 2k - (n-i)$.

Errechnet man die Summe aller Dreieckswinkel einmal von den
f Dreiecken aus, zum andern von den n Punkten aus, so erhält
man

(2) $f \cdot 180^{\circ} = i \cdot 360^{\circ} + (n-i) \cdot 180^{\circ} - 360^{\circ}$

und daraus

(2') $f = n + i - 2$.

Schließlich gilt die Euler-Formel für ebene Netzgebilde:

(3) $n + f = k + 1$.

Für den Beweis genügen je zwei der drei Gleichungen (1),

(2') und (3). Jeweils folgt:

(4) $k = 2n + i - 3$.

k ist genau dann am größten, wenn i am größten ist. Die Anzahl der inneren Punkte ist aber höchstenfalls $n-3$. Dann ist

$$k_{max} = 3n - 6,$$

und dieser Fall kann nur eintreten, wenn H ein Dreieck ist und
und $n-3$ Punkte im Innern dieses Dreiecks liegen.

Geht man von einer solchen Hülle aus und zeichnet nachein-
ander innere Punkte mit jeweils drei von ihnen ausgehenden
Kanten ein, so wird klar, daß dieser Fall auch wirklich eintritt.

4. Beweis

Der triviale Fall, daß alle Punkte auf einer Geraden liegen,
sei ausgeschlossen. Offenbar kommen für eine maximale Anzahl
von Verbindungsstrecken (im folgenden "Kanten" genannt) nur
solche Konfigurationen F in Frage, für die gilt:

a) Die Seiten des flächenkleinsten konvexen Vielecks H,
   in dessen Innern oder auf dessen Rand jeder der n Punkte liegt, sind gezeichnet.

b) H ist trianguliert, d.h. H ist durch die Kanten in Dreiecke zerlegt; die Dreiecksecken sind die gegebenen n
   Punkte.

Bildet man eine Figur F durch eine stereographische Projektion auf eine Figur F' einer Kugeloberfläche ab, so ist in
F', wenn f' die Anzahl der Kugelparzellen und k' die Anzahl
der (gekrümmten) Kanten von F' ist, wegen der Gültigkeit der
Euler-Formel

(1) $n + f' = k' + 2$

k' genau dann am größten, wenn f' am größten ist. Das ist
aber gerade dann der Fall, wenn die Kugeloberfläche in drei-

eckige Parzellen zerlegt ist. Damit k als Höchstwert das
maximale k' erreicht, muß H ein Dreieck sein, das nur 3
der n Punkte enthält, und zwar als Ecken. Für diesen Fall
erhält man durch Abzählen der Kanten der f' Parzellen

(2) $3f' = 2k'$.

Aus (1) und (2) folgt wegen der $k = k'$ die Behauptung.

Daß die Höchstanzahl $k_{max} = 3n-6$ erreicht wird, ergibt
sich, wenn man von einem dreieckigen H ausgeht und der
Reihe nach innere Punkte mit je drei neuen Kanten hinzu-
fügt.

5. Beweis

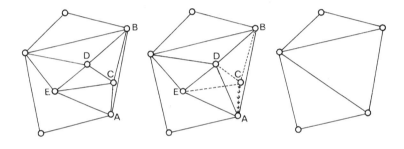

Da sich jedes ebene Streckennetz gegebenenfalls durch Einzeichnen von Diagonalen zu einem Dreiecksnetz ergänzen läßt,
genügt es, den Beweis für Dreiecksnetze zu führen.
Man betrachtet den Übergang vom gegebenen Netz zu einem Netz
mit n-1 Punkten durch Hineinziehen eines einem Randpunkt benachbarten inneren Punktes in diesen Randpunkt längs der Verbindungsstrecke dieser beiden Punkte. Im obigen Beispiel wird
der innere Punkt C nach dem benachbarten Randpunkt A längs
der Strecke CA übergeführt. An die Stelle der weggefallenen
Strecken CA, CB, CD und CE tritt die neue Strecke DA. Allge-

mein entfallen jeweils die Strecke, auf der zusammengezogen wird, und die beiden Nachbarstrecken. Dabei entsteht wieder ein Dreiecksnetz; bei dem Übergang hat sich die Anzahl der Punkte um 1, die Anzahl der Strecken um 3 verringert. Ist i die Anzahl der inneren Punkte, so läßt sich das Verfahren i-mal anwenden. Bei r (=n-i) Randpunkten erhält man daher für die Streckenanzahl k_n und k_r:

$$(1) \qquad k_n = k_r + 3i.$$

Für das verbleibende Dreiecksnetz, das nur aus r Randstrecken und r-2 Dreiecken besteht, gilt:

$$(2) \qquad k_r = r + r - 3.$$

Aus (1) und (2) folgt:

$$k_n = 2(r + i) + i - 3$$
$$= 2n + i-3.$$

Da mindestens 3 der Ecken am Rand liegen müssen, ergibt sich $i \leqq n-3$ und somit $k_n \leqq 2n + n - 3 - 3 = 3n - 6$, eine Maximalanzahl, die auch erreicht werden kann.

6. Beweis

Der triviale Fall, daß alle n Punkte auf einer Geraden liegen, sei ausgeschlossen.

Zwischen den Punkten seien s Verbindungsstrecken gezogen, und keine weiteren Strecken seien ohne Überschneidungen möglich. Dann liegt offenbar ein konvexes a-Eck ($3 \leqq a \leqq n$; Eckenwinkel von 180° sind zugelassen) vor, dessen Fläche in Dreiecke aufgeteilt ist.

Falls $i = n - a > 0$ ist, liegen i der n Punkte im Innern des a-Ecks. Diese i Punkte werden nun der Reihe nach "abgebaut". Gehen dabei von einem Punkt P k Strecken aus, so werden P und die k von ihm ausgehenden Strecken gestrichen, so daß nunmehr ein k-Eck ohne innere Strecken entsteht; in diesem werden (k-3) Diagonalen gezogen, die sich nicht überschneiden. Die Gesamt-

figur enhält dann nur noch (n-1) Punkte und nur noch (s-3)
Strecken, ist aber noch trianguliert. Die i-fache Wieder-
holung dieses Vorgehens führt auf das a-Eck mit (s-3i)
Strecken, die das a-Eck triangulieren. Für i = 0 ist diese
Situation sofort gegeben.

Da, wie man leicht - etwa durch vollständige Induktion -
einsieht, ein a-Eck stets durch (a-3) sich nicht überkreu-
zende Diagonalen trianguliert wird und außer diesen Diagonalen noch die a Seiten des a-Ecks vorhanden sind, folgt

$$s - 3i = a + (a - 3)$$

und daraus $\quad\quad\quad\quad\quad s = 3n - a - 3.$

Die Anzahl s der Verbindungsstrecken ist am größten, wenn
a den kleinstmöglichen Wert, nämlich 3, hat. Dann ist

$$s = 3n - 6,$$

und diese Anzahl, die nicht überschritten werden kann,
wird auch erreicht, wie man leicht erkennt.

Lösungen 1976   2. Runde

1. Aufgabe

Da n^n für alle natürlichen n durch n^2 teilbar ist, genügt es, nachzuweisen, daß $1^n + 2^n \ldots + (n-1)^n$ durch n^2 teilbar ist. Da n ungerade ist, kann man setzen

$$n - 1 = 2a \quad \text{mit } a \in N.$$

Dann ist

$$1^n + 2^n + \ldots + (n-1)^n = \sum_{i=1}^{a} (i^n + (n-i)^n)$$

$$= \sum_{i=1}^{a} (i^n + n^2 Z_{n,i} + nn^1 (-i)^{n-1} + (-i)^n)$$

$$= n^2 \sum_{i=1}^{a} (Z_{n,i} + i^{n-1}) \quad \text{mit } Z_{n,i} \in N,$$

womit der Beweis erbracht ist.

Anmerkung: Man kann leicht nachweisen, daß $1^n + 2^n + \ldots + n^n$ nicht durch n^3 teilbar ist, falls n eine ungerade Primzahl ist.

2. Aufgabe

Da das Ergebnis der Nacheinanderausführung von Parallelverschiebungen durch eine einzige Verschiebung erreicht werden kann, darf die Lage von Q' beliebig so gewählt werden, daß eine Seite mit Q' mit einer Seite von Q einen vorgegebenen $\not{\prec} \alpha$ bildet; dabei genügt $0^{\circ} < \alpha \leqq 45^{\circ}$.

Lösungen ergeben sich aus Zerschneidungsbeweisen des Satzes von
Pythagoras:

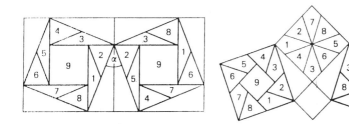

Eine symmetrische doppelte Anwendung eines Zerlegungsbeweises
des Kathetensatzes liefert eine Lösung in fünf Teilstücken:

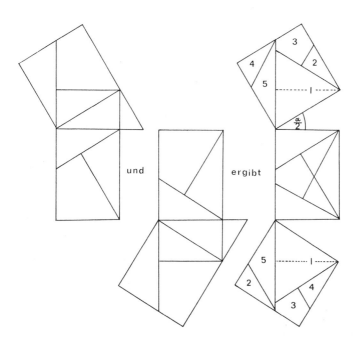

und   ergibt

Ein weiterer Lösungsweg besteht in einer dreimaligen Parallelogramm-
"Scherung":

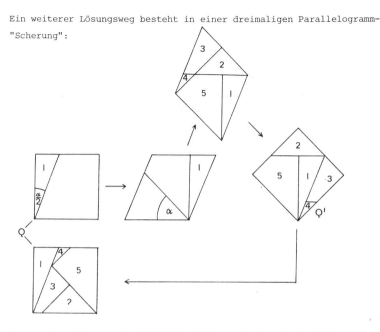

Eine weitere Lösung mit fünf Teilstücken und einem hohen Maß
an Symmetrie und Kongruenz zeigt folgende Figur:

Lösung von
Ralf Wehrmann, Freilassing
(Klasse 12)

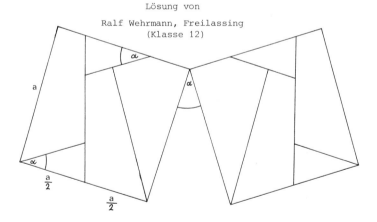

Alle angegebenen Verfahren sind in dem für α notwendigen Bereich
ausführbar. Durch Spiegelung nicht-symmetrischer Lösungen entstehen weitere Lösungen. Jede Lösung ergibt auch auf folgende

Weise Anlaß zu weiteren Lösungen. Man schneidet bei einem der
beiden Quadrate parallel zu einer Seite einen Streifen ab und
setzt ihn auf der Gegenseite durch Parallelverschiebung wieder
an. Die sich dabei ergebenden weiteren Schnittlinien überträgt
man auf das andere Quadrat. So entsteht eine unendliche Anzahl
von Lösungen, darunter auch eine unendliche Anzahl von Lösungen
mit fünf Teilstücken.

3. Aufgabe

1. Beweis

Die Strecken des Streckenzuges S seien so orientiert, daß jeder
der 2n Teilungspunkte genau einmal Anfangspunkt und genau einmal
Endpunkt einer Strecke ist.

Werden die Punkte der Reihe nach mit 1 bis 2n bezeichnet, so sei
$(a_1, a_2, \ldots a_{2n})$ eine S entsprechende Permutation der Zahlen 1
bis 2n, die die Folge der Anfangspunkte auf S wiedergibt.

Ebenso bezeichne $(e_1, e_2, \ldots, e_{2n})$ die zugehörige Folge der
Streckenendpunkte. Dann ist

$$\sum_{i=1}^{2n} a_i = \sum_{i=1}^{2n} e_i = 1 + 2 + \ldots + 2n = n(2n + 1)$$

und

(1)
$$\sum_{i=1}^{2n} (a_i + e_i) \equiv 0 \quad (\text{mod } 2n).$$

Aus der Parallelität zweier Strecken $a_i e_i$ und $a_j e_j$ folgt offenbar

$$a_i + e_i \equiv a_j + e_j \quad (\text{mod } 2n).$$

Sind aber die Strecken $a_i e_i$ und $a_j e_j$ nicht parallel, so ist

$$a_i + e_i \not\equiv a_j + e_j \quad (\text{mod } 2n),$$

wie man erkennt, wenn man zwei Sehnen mit demselben Anfangspunkt aufsucht, die zu $a_i e_i$ bzw. $a_j e_j$ parallel sind. Die
Richtung einer Sehne $a_i e_i$ ist also durch die Restklasse $a_i + e_i$
(mod 2n) eindeutig gekennzeichnet.

Gäbe es nun in S keine parallelen Strecken, so wären die zugehörigen Restklassen alle verschieden, und es wäre

$$(2) \qquad \sum_{i=1}^{2n} (a_i + e_i) \equiv 1 + 2 + \ldots + 2n = n(2n + 1) \equiv n \pmod{2n},$$

im Widerspruch zu (1).

Aus den Gleichungen (1) und (2) läßt sich leicht herleiten, daß es bei einem Streckenzug mit genau einem Paar paralleler Strecken keine Strecke mit einer zur Richtung der Parallelen senkrechten Richtung gibt.

Anmerkung: Zum Beweis genügt es, daß in jedem Punkt genau zwei Strecken zusammenlaufen. Der Satz gilt daher auch für den Fall mehrerer geschlossener Streckenzüge, wenn nur jeder Punkt genau einmal erreicht wird.

2. Beweis

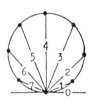

Numeriert man die 2n möglichen Sehnenrichtungen entsprechend ihrer Steigung fortlaufend fend mit 0, 1, ..., 2n-1, so ist bei einem regelmäßigen 2n-Eck, das keine Seite mit einer geraden Richtungsnummer enthält, die Summe der Nummern $1+3+5+\ldots+(2n-1)+1+3+5+\ldots +(2n-1) = 2n^2$, also ein geradzahliges Vielfaches von n.

Von einer beliebigen Anordnung der Punkte-Bezeichnungen kann man zu jeder Permutation durch wiederholtes Umstellen von jeweils zwei Nachbarn gelangen. Bei einer solchen Umstellung ändert sich jedoch die jeweilige Summe der Richtungsnummern des zugehörigen geschlossenen Streckenzuges entweder nicht oder um 2n, wie sich leicht mit Hilfe des Satzes vom Umfangswinkel erkennen läßt. Jeder geschlossene Streckenzug hat daher als Summe der Richtungsnummern seiner Strecken ein geradzahliges Vielfaches von n. Da die Summe aller Richtungsnummern gleich $0 + 1 + 2 + \ldots + (2n-1) = n(2n-1)$ ein ungeradzahliges Vielfaches von n ist, müssen mindestens zwei der 2n Strecken des Streckenzuges dieselbe Richtung haben.

4. Aufgabe
----

1. Beweis

"B" bedeute: es gibt ein Einheitsquadrat mit vier blauen Eckpunkten.

Fall 1: Alle Punkte des Raums sind blau $\Longrightarrow$ B.

Fall 2: Es gibt einen roten Punkt P_1.

     Man macht P_1 zur Spitze einer gleichkantigen
     Pyramide mit einem Einheitsquadrat $P_2 P_3 P_4 P_5$
     als Grundfläche.

Fall 2.1: Die vier Punkte P_i (i = 2,3,4,5) sind blau $\Longrightarrow$ B.

Fall 2.2: Einer der Punkte P_i (i = 2,3,4,5), es sei P_2, ist rot.

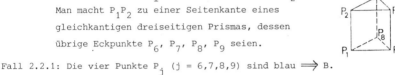

     Man macht $P_1 P_2$ zu einer Seitenkante eines
     gleichkantigen dreiseitigen Prismas, dessen
     übrige Eckpunkte P_6, P_7, P_8, P_9 seien.

Fall 2.2.1: Die vier Punkte P_j (j = 6,7,8,9) sind blau $\Longrightarrow$ B.

Fall 2.2.2: Einer der Punkte P_j (j = 6,7,8,9), es sei P_6 ist rot.

     Dann bilden P_1, P_2, P_6 drei rote Eckpunkte eines
     Einheitsquadrates.

2. Beweis

"B" bedeute: es gibt ein Einheitsquadrat mit vier blauen Eckpunkten.

Fall 1: der Raum enthält nur blaue Punkte $\Longrightarrow$ B.

Fall 2: Es gibt einen roten Punkt P_1.

Fall 2.1: Die Oberfläche O der Einheitskugel um den Mittel-
        punkt P_1 enthält nur blaue Punkte $\Longrightarrow$ B.

Fall 2.2: O enthält einen roten Punkt P_2.

       k_1 und k_2 seien die Einheitskreise um P_1 und P_2,
       deren Ebenen zu $P_1 P_2$ senkrecht sind.

Fall 2.2.1: k_1 und k_2 enthalten nur blaue Punkte $\Longrightarrow$ B.

Fall 2.2.2: k_1 oder k_3 enthält einen roten Punkt P_3 $\Longrightarrow$ die
        roten Punkte P_1, P_2, P_3 sind Eckpunkte eines Ein-
        heitsquadrats.

Aufgaben 1977   1. Runde

1. Unter 2.000 paarweise verschiedenen natürlichen Zahlen
   befinden sich je zur Hälfte gerade und ungerade Zahlen.
   Die Summe aller Zahlen ist kleiner als 3000000.
   Man zeige, daß mindestens eine der Zahlen durch 3 teilbar ist.

2. Ein Käfer krabbelt auf den Kanten einer n-seitigen Pyra-
   mide. Sein Weg beginnt und endet im Mittelpunkt A einer
   Grundkante. Unterwegs durchläuft er jeden Punkt höchstens
   einmal.
   Wie viele verschiedene Wege stehen ihm zur Verfügung?
   (Zwei Wege gelten hierbei als gleich, wenn sie aus den-
   selben Punkten bestehen.)
   Man zeige, daß die Summe der Eckenanzahlen aller dieser
   Wege $1^2+2^2+ \ldots +n^2$ ist.

3. Die Zahl 50 sei als Summe nicht unbedingt verschiedener
   natürlicher Zahlen dargestellt. Das Produkt dieser Zahlen ist durch 100 teilbar. Wie groß kann das Produkt
   höchstens sein?

4. In einem Sehnenviereck sind von den Seitenmitten die Lote
   auf die Gegenseite gefällt.
   Man zeige, daß diese Lote durch einen Punkt gehen.

Aufgaben 1977   2. Runde

1. Gibt es zwei unendliche, aus nicht-negativen ganzen Zahlen
    bestehende Mengen A und B, so daß jede nicht-negative ganze
    Zahl auf genau eine Weise als Summe einer zu A gehörigen
    und einer zu B gehörigen Zahl geschrieben werden kann?

2. In einer Ebene sind drei nicht kollineare Punkte A, B, C
    gegeben. Mit Hilfe einer gegebenen beweglichen Kreisschei-
    be, mit der man die drei Punkte zugleich bedecken kann
    und deren Durchmesser vom Durchmesser des Kreises durch
    A, B, C verschieden ist, soll die vierte Ecke des Parallelo-
    gramms ABCD konstruiert werden.
    (Die Kreisscheibe wird als Kurvenlineal benützt, indem man
    sie an zwei Punkte anlegt. Punkte sind entweder gegeben
    oder entstehen als Schnittpunkte von mit dem Kurvenlineal
    gezeichneten Kreisen.)

3. Man zeige, daß es unendlich viele natürliche Zahlen gibt,
    die man nicht in der Form

    $$a = a_1^6 + a_2^6 + \ldots a_7^6$$

    darstellen kann, wobei a_1, a_2, ..., a_7 natürliche Zahlen
    sind.
    Man beweise auch eine Verallgemeinerung.

4. Die Funktion f ist auf der Menge D aller von 0 und 1
    verschiedenen rationalen Zahlen definiert und erfüllt
    für jedes $x \in D$ die Gleichung

    $$f(x) + f\left(1 - \frac{1}{x}\right) = x.$$

    Man bestimme f.

Lösungen 1977   1. Runde

1. Aufgabe

Schreibt man die ersten 3.000 natürlichen Zahlen in folgender Anordnung

$$\begin{matrix} 1 & 2 & & 4 & 5 & & 7 & 8 & & & 2998 & 2999 \\ & & 3 & & & 6 & & & 9 & \cdots & & 3000, \end{matrix}$$

so enthält die obere Zeile die ersten 2000 nicht durch 3 teilbaren natürlichen Zahlen; sie sind zur Hälfte gerade, zur Hälfte ungerade, und keine Zahl kommt mehr als einmal vor. Für ihre Summe S gilt:

$$S = (1+2+3\ldots+3000) - (3+6+9+\ldots+3000) = \frac{3000\cdot 3001}{2}$$

$$- 3\cdot\frac{1000\cdot 1001}{2} = \frac{3000\cdot(3001 - 1001)}{2} = 3000000$$

Da für jede andere Auswahl von paarweise verschiedenen 2000 natürlichen Zahlen die Summe $>$ 3000000 sein muß, falls sie keine durch 3 teilbare Zahl enthält, kann es eine solche Menge mit einer Summe $<$ 3000000 nur geben, wenn sie mindestens eine durch 3 teilbare Zahl enthält. Man sieht leicht, daß es solche Mengen auch gibt.

Anmerkung: In der Aufgabenstellung kann die Forderung, daß die Zahlen je zur Hälfte gerade und ungerade sind, wegfallen.

2. Aufgabe

1. Beweis

Die Ecken der Grundfläche der Pyramide seien der Reihe nach

mit A_1, A_2, ... A_n ($n > 2$), die Spitze der Pyramide

mit S bezeichnet. Der Anfangspunkt A der Wege liegt

auf der Kante $A_n A_1$. Weiter wird angenommen, daß je-

der zu zählende Weg von A nach A_1 und über A_n nach

A führt.

Die möglichen Wege lassen sich in Klassen einteilen.

Die Klasse K_1 enthält nur den einen Weg, der über

alle n Eckpunkte der Grundfläche, aber nicht über S

führt. K_i ($i = 2, 3. ..., n$) sei die Klasse der Wege, die

über S und genau i Eckpunkte der Grundfläche führen. Die

i Grundflächeneckpunkte von K_i, zu denen stets A_1 und A_n

gehören, müssen im Grundflächen-n-Eck eine Kette lücken-

los aufeinander folgender Eckpunkte bilden, weil kein

Punkt zweimal durchlaufen werden darf. Dafür gibt es in

K_i (i-1) Möglichkeiten; jede bedeutet genau einen mög-

lichen Weg. Folgende Liste läßt sich aufstellen:

Grundriß
der Pyramide

Klasse	Anzahl der Wege	Anzahl der Ecken je Weg	Anzahl der Ecken aller Wege der Klasse	
K_1	1	n	n	$= n$
K_2	1	3	$1 \cdot 3$	$= 2^2 - 1$
K_3	2	4	$2 \cdot 4$	$= 3^2 - 1$
.	.	.	.	.
.	.	.	.	.
K_i	i-1	i+1	$(i-1)(i+1)$	$= i^2 - 1$
.	.	.	.	.
K_n	n-1	n+1	$(n-1)(n+1)$	$= n^2 - 1.$

Die Anzahl der Wege ist

$$1 + 1 + 2 + 3 + \ldots + (n-1) = 1 + \frac{n(n-1)}{2} .$$

Die Summe der Eckenanzahlen ist

$$n + (2^2-1) + (3^2-1) + \ldots + (n^2-1) = 1^2 + 2^2 + \ldots + n^2 .$$

2. Beweis (vollständige Induktion)

Durch Abzählen stellt man fest, daß die Formeln für die Anzahl der Wege

$$w_n = 1 + \binom{n}{2}$$

und für die Summe der Eckenanzahlen aller Wege

$$e_n = 1^2 + 2^2 + \ldots + n^2$$

für n = 3 richtig sind.

Unter der Annahme, daß die Formeln bis zur Zahl n richtig
sind, wird bewiesen, daß beim Übergang von n zu n+1 die
Wegeanzahl um n und die Summe der Eckenanzahlen um $(n+1)^2$
zunimmt.

Die Situation für eine (n+1)-seitige Pyramide kann aus dem
Fall einer n-seitigen Pyramide $S(A_1A_2\ldots A_n)$ mit Ausgangs-
punkt A auf der Kante A_nA_1 dadurch hergeleitet
werden, daß man auf der Grundkante A_nA_1 einen
weiteren Punkt $A_{n+1} = B$ zwischen A_n und A und
eine weitere Seitenkante SB einschaltet. Man
kann dadurch folgende Tabelle für den Übergang
von n zu n+1 aufstellen:

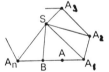

Grundriß der Pyramide

Wege über	alt oder neu	Anzahl der Wege alt	neu	Anzahl der neuen Ecken
A_nB	alt	$1 + \binom{n}{2}$	-	$1 + \binom{n}{2}$
$A_1A_2\ldots A_iSB$ (i=1, 2, ..., n)	neu	-	n	$3 + 4 \ldots + (n+2)$

Beim Übergang von n zu n+1 nimmt also die Anzahl der Wege um n zu, so daß

$$w_{n+1} = 1 + \binom{n}{2} + n = 1 + \binom{n+1}{2} \; .$$

Die Zunahme der Summe der Eckenanzahlen beträgt

$$e_{n+1} - e_n = 1 + \binom{n}{2} + (3 + 4 + \ldots + (n+2))$$

$$= 1 + \frac{n \, (n-1)}{2} + \frac{n \, (n+5)}{2}$$

$$= 1 + \frac{n \, (2n+4)}{2}$$

$$= (n+1)^2 .$$

3. Aufgabe

Daß es ein maximales Produkt P gibt, folgt daraus, daß es nur endlich viele Darstellungen der Zahl 50 als Summe von natürlichen Zahlen gibt. Wir beweisen, daß eine Zerlegung mit maximalem Produkt die Form 50 = 2+2+5+5+3+3+...+3 haben muß, wobei es auf die Reihenfolge der Summanden (S.) und auf die Zusammenfassung 2+2=4 nicht ankommt.

1) Wegen der Teilbarkeit von P durch 100 muß mindestens ein S. durch 5 teilbar sein. Wegen

$$5m = 5 + m + (4m-5), \quad 5 \, m < 5 \cdot m \cdot (4m-5) \text{ für } m \in N \land m > 1$$

kommt nur m = 1 in Frage. Wegen der Teilbarkeit von P durch 25 muß der S.5 mindestens zweimal auftreten.

2) Wegen der Teilbarkeit von P durch 100 muß entweder mindestens ein S. durch 4 teilbar sein oder mindestens zwei S. durch 2. Wegen

$$4m = 4 + m + (3m-4), \quad 4m < 4 \cdot m \cdot (3m-4) \text{ für } m \in N \quad m > 1$$

und

$$2m = 2 + m + (m-2), \quad 2m \leqq 2m(m-2) \text{ für } m \in N \land m > 2$$

braucht man nur die Fälle m = 1 oder m = 2 in Betracht zu ziehen: Die Zerlegung der Zahl 50 enthält den S. 4 bzw. zweimal den S.2.

3) Wir haben jetzt noch die Zahl 36 = 50-(2+2+5+5) als Summe
von natürlichen Zahlen mit maximalem Produkt darzustellen.

Ein S. $m > 4$ kommt dabei nicht in Frage, da
$$m = 2 + (m-2), \quad m < 2(m-2) \quad \text{für } m > 4.$$

Ein S.4 kann durch 2 + 2 ersetzt werden.

Ein S.2 darf höchstens zweimal auftreten, da
$$2 + 2 + 2 = 3 + 3, \quad 2 \cdot 2 \cdot 2 < 3 \cdot 3.$$

Ein S.1 kann nicht vorkommen, da $1 + m = (m+1)$, $1 \cdot m < m+1$.

Eine Zerlegung von 36 in S. mit maximalem Produkt hat also
die Form

3 + 3 + ... + 3 oder 2 + 3 + 3 + ... + 3 oder

2 + 2 + 3 + 3 + ... + 3.

Da 36 durch 3 teilbar ist, entfallen die beiden letzten
Möglichkeiten. Damit ist bewiesen, daß $P = 2^2 \cdot 5^2 \cdot 3^{12} =$
53 144 100 ist.

4. Aufgabe

1. Beweis

Im Sehnenviereck ABCD sind E, F, G, H der
Reihe nach die Mitten der Seiten. EFGH ist
ein Parallelogramm, weil je zwei Gegenseiten parallel zu einer Diagonalen von ABCD
sind; der Diagonalenschnittpunkt sei Z.
m sei die Mittelsenkrechte in E auf AB,
l sei das Lot von G auf die Gegenseite AB.
m und l sind parallel, weil beide senkrecht zu AB sind. Da Z die Mitte von EG

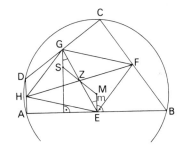

ist, sind m und l punktsymmetrisch bezüglich Z.
Ebenso ist jedes Lot l von einem Seitenmittelpunkt auf die
Gegenseite punktsymmetrisch bezüglich Z zu der Mittelsenkrechten m der jeweiligen Gegenseite. Da alle m durch einen
Punkt, den Umkreismittelpunkt M des Sehnenvierecks, gehen,
müssen auch die l durch einen Punkt gehen; dieser Punkt S
ist punktsymmetrisch zu M bezüglich Z.

Anmerkung 1: Der triviale Sonderfall eines gleichschenk-
ligen Trapezes ist in dieser Beweisführung mit enthalten.

Anmerkung 2: Der Satz gilt auch, wenn man die Diagonalen
des Sehnenvierecks als zwei Gegenseiten auffaßt.

2. Beweis

Die Seitenmitten eines Sehnenvierecks $A_1A_2A_3A_4$
bilden ein Parallelogramm P. Sein Diagonalenschnittpunkt sei Z. Eine 180°-Drehung um Z
führt jeden Endpunkt von P in seinen Gegen-
eckpunkt über und das Sehnenviereck $A_1A_2A_3A_4$
in ein zu ihm kongruentes Sehnenviereck

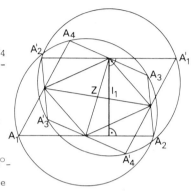

$A_1'A_2'A_3'A_4'$, dessen Seitenmittelparallelogramm
mit P identisch ist. Da außerdem bei der 180°-
Drehung jede Strecke in eine zu ihr parallele
übergeht, bilden die Lote l_i (i = 1,2,3,4) von den Seitenmitten auf die Gegenseiten im Viereck $A_1A_2A_3A_4$ nunmehr im
Sehnenviereck $A_1'A_2'A_3'A_4'$ die Mittelsenkrechten auf den Seiten.
Da aber diese Mittelsenkrechten eines Sehnenvierecks durch
einen Punkt, den Umkreismittelpunkt, gehen, müssen auch
die Lote l_i des Ausgangsvierecks durch einen Punkt gehen.

3. Beweis

Im Sehnenviereck ABCD mit Umkreis M seien E,
F, G, H die Seitenmitten. Ist ABCD ein Trapez,
so ist die Behauptung aus Symmetriegründen trivial. Anderenfalls mögen sich die Lote von E und
G auf die Gegenseiten in S, die Lote von F und H
in T schneiden. Dieses Viereck MESG ist dann ein
Parallelogramm. Zieht man noch MA, MB, MC, MD,
so besteht folgende vektorielle Beziehung:

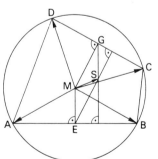

$$\overrightarrow{MS} = \overrightarrow{ME} + \overrightarrow{MG} = \frac{1}{2} \, (\overrightarrow{MA} + \overrightarrow{MB}) + \frac{1}{2} \, (\overrightarrow{MC} + \overrightarrow{MD})$$

$$= \frac{1}{2} \, (\overrightarrow{MA} + \overrightarrow{MB} + \overrightarrow{MC} + \overrightarrow{MD}).$$

Geht man von den Loten F und H aus, so folgt entsprechend:

$$\overrightarrow{MT} = \frac{1}{2} \ (\overrightarrow{MA} + \overrightarrow{MB} + \overrightarrow{MC} + \overrightarrow{MD}).$$

Daher ist $\overrightarrow{MT} = \overrightarrow{MS}$, also T = S, was bedeutet, daß die vier genannten Lote durch einen Punkt gehen.

Anmerkung: Der eben geführte Beweis läßt folgende Umdeutung zu. ABCD darf ein beliebiges Viereck sein, M ein beliebiger Punkt. S ist der Schnittpunkt der Parallelen zu ME durch G und zu MG durch E. Entsprechendes soll für T gelten. Dann erweist sich der Satz als Sonderfall eines allgemeineren Satzes mit einfachem vektoriellem Sachverhalt.

Lösungen 1977   2. Runde

Aufgabe 1

1. Beweis

Im Zahlensystem der Basis 4 läßt sich jede nicht-negative
ganze Zahl mit Hilfe der Ziffern 0, 1, 2, 3 durch Anein-
anderreihung schreiben. In diesem System kann man eine
Zahl

$$z = z_1z_2z_3\ldots z_k = z_k\cdot 4^0 + z_{k-1}\cdot 4^1 + z_{k-2}\cdot 4^2 + \ldots z_1\cdot 4^{k-1} \quad (k \in N)$$

eindeutig als die Summe zweier Zahlen

$$a = a_1a_2a_3\ldots a_k$$
$$b = b_1b_2b_3\ldots b_k$$

darstellen, wenn man die a_i und b_i $(i = 1,2, \ldots, k)$ nach
folgender Aufstellung festlegt:

z_i	$=$	$a_i + b_i$
0	0	0
1	1	0
2	0	2
3	1	2.

Der Summand a enthält nur die Ziffern 0 und 1, der Summand b
nur die Ziffern 0 und 2.
Wählt man als Element einer Menge A sämtliche Zahlen des Vierer-
systems, die sich mit den Ziffern 0 und 1 bilden lassen, und als
Elemente einer Menge B sämtliche Zahlen, die sich mit den Ziffern 0 und 2 bilden lassen, so erfüllen diese Mengen A und B
nach obigem die in der Aufgabe geforderte Bedingung.

Die zehn kleinsten Elemente von A bzw. B sind (im Dezimalsystem):

    A: 0, 1, 4, 5, 16, 17, 20, 21, 64, 65

    B: 0, 2, 8, 10, 32, 34, 40, 42, 128, 130.

2. Beweis

Man stellt jede Zahl $n \in N_0$ im Dezimalsystem dar:

$$n = \sum_{i=0}^{i_0} c_i(n) \, 10^i = \sum_{i=0}^{\infty} c_i(n) \cdot 10^i,$$

wobei die unendlich vielen Ziffern $c_i(n)$ durch n eindeutig
bestimmt sind, insbesondere ist $c_i(n) = 0$ für $i > i_0$.
M sei eine unendliche Teilmenge von N_0, deren Komplement
$\tilde{M} = N_0 \setminus M$ ebenfalls unendlich ist (z.B. $M = \{0,2,4,6,\ldots\}$,
$\tilde{M} = \{1,3,5,7,\ldots\}$).

Nun definiert man die Mengen A und B durch

    $m \in A \Longleftrightarrow c_i(n) = 0$ für alle $i \in \tilde{M}$
    $m \in B \Longleftrightarrow c_i(n) = 0$ für alle $i \in M$ $(m \in N_0)$

Dann ist jede Zahl $n \in N_0$ als Summe einer zu A und einer zu B
gehörenden Zahl darstellbar:

$$n = \sum_{i \in M} c_i(n) \cdot 10^i + \sum_{i \in \tilde{M}} c_i(n) \cdot 10^i$$

Diese Darstellung ist eindeutig, da es sonst zwei verschiedene Darstellungen von n im Dezimalsystem gäbe. Nach den Vor-
aussetzungen über M sind sowohl A als auch B unendliche Mengen. Die in der Aufgabe gestellte Frage ist also zu bejahen.

Anmerkungen:

1) Statt des Dezimalsystems kann jedes Positionssystem benützt werden.

2) Da es nur abzählbar viele $M \subset N_0$ gibt, für die M oder $\tilde{M}$
   endlich ist, während die Potenzmenge $P(N_0)$ überabzählbar ist, gibt es überabzählbar viele geeignete Mengen M
   und deshalb auch überabzählbar viele Lösungen A, B.

3) Eine Verallgemeinerung auf mehr als zwei Mengen liegt
   nahe.

Aufgabe 2

Lösung:

Kreise sind im folgenden Kreise, wie sie mit der Kreisscheibe
gezeichnet werden können.

Die Forderung, daß die Kreisscheibe die Punkte A, B und C zugleich bedecken kann, wird ersetzt durch die geringere Voraus-
setzung, daß $\overline{AB} \leq d$ und $\overline{BC} \leq d$ ist, wenn d die Länge des Durch-
messers der Kreisscheibe ist.

Konstruktion:

Zeichne einen (bzw. den) Kreis K_1 durch A und B und einen (bzw.

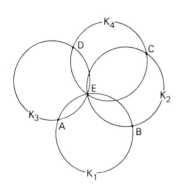

den) Kreis K_2 durch B und C.

Haben K_1 und K_2 außer B noch
einen Punkt gemeinsam, so
heiße dieser Punkt E; anderenfalls sei E = B.

Zeichne den Kreis $K_3 \neq K_1$ durch
A und E; gibt es keinen zweiten
Kreis durch A und E, so sei $K_3 = K_1$.

Zeichne den Kreis $K_4 \neq K_2$ durch
C und E; gibt es keinen zweiten
Kreis durch C und E, so sei $K_4 = K_2$.

Haben K_3 und K_4 außer E noch einen
zweiten Punkt gemeinsam, so ist

dieser Punkt der gesuchte Punkt D; anderenfalls ist E der gesuchte
Punkt D.

Ausführbarkeit der Konstruktion:

Die Konstruktion führt aus folgenden Gründen immer zum Ziel:

1) $K_2 \neq K_1$. Wäre $K_2 = K_1$, so wäre dieser Kreis im Widerspruch zur
   Voraussetzung der Umkreis des Dreiecks ABC.

2) Da K_1 und K_2 den Punkt B gemeinsam haben, gibt es stets einen
   Punkt E.

3) E $\neq$ A, da sonst K_2 Umkreis des Dreiecks ABC wäre.

   E $\neq$ C, da sonst K_1 Umkreis des Dreiecks ABC wäre.

4) Kreise K_3 und K_4 lassen sich immer zeichnen, da sie bezüglich AE (bzw. CE) zu K_1 (bzw. K_2) symmetrisch liegen.

5) $K_4 \neq K_3$. Wie der folgende Beweis zeigt, liegt der gesuchte Punkt D sicher auf K_3 und auch auf K_4; wäre also $K_4 = K_3$, so wäre dieser Kreis Umkreis des Dreiecks ACD und damit punktsymmetrisches Bild des Umkreises des Dreiecks ABC.

Der eindeutig existierende Punkt D ist daher mit der obigen Konstruktion stets zu finden.

1. Beweis
‾‾‾‾‾‾‾

Die Halbdrehung h_1, die B in E überführt, führt K_2 in K_1 über.

Die Halbdrehung h_2, die E in A überführt, führt K_1 in K_3 über.

Die Nacheinanderausführung von h_1 und h_2 in dieser Reihenfolge ergibt eine Verschiebung p_{23}, die durch $\overrightarrow{BA}$ gekennzeichnet ist.

p_{23} führt C in den Punkt D des Parallelogramms ABCD über und K_2 in K_3. Weil C auf K_2 liegt, liegt D auf K_3.

Entsprechend läßt sich mit Hilfe einer Verschiebung p_{14}, die K_1 in K_4 überführt, zeigen, daß D auf K_4 liegt. Folglich ist D ein gemeinsamer Punkt von K_3 und K_4.

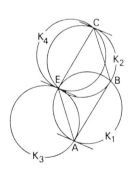

Berühren sich K_3 und K_4 in E, so muß E = D der 4. Parallelogrammpunkt sein. Schneiden sich jedoch K_3 und K_4 außer in E noch in einem Punkt D, so muß dieser der gesuchte Punkt sein. Wäre es nämlich E, so wäre Parallelogramm ABCE zusammen mit den Kreisen K_1 und K_2 eine punktsymmetrische Figur, in der die Tangenten an K_1 in A und an K_2 in C parallel wären. Durch p_{14} bzw. bzw. p_{23} gingen diese über in Tangenten an K_4 in E bzw. an K_3 und K_4 hätten also in E eine gemeinsame Tangente, außer E also keinen weiteren gemeinsamen Punkt.

2. Beweis

M_i sei der Mittelpunkt des Kreises K_i (i = 1,2,3,4). Verbindet
man M_i mit den gegebenen und konstruierten Punkten auf K_i, so

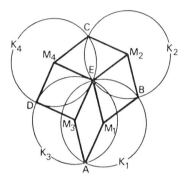

entsteht wegen der Gleichheit
der Kreise ein Vierblatt an-
einanderliegender Rauten gleicher Seitenlänge; jede Raute
hat eine Ecke in E. (Dabei
dürfen sich die Rauten auch
teilweise überdecken, und es
können unter ihnen auch ent-
artete Rauten vorkommen.) Aus
Rauteneigenschaften folgt
leicht, daß der Zweistrecken-
zug AM_1B durch eine Verschiebung in den Streckenzug DM_4C
übergeht. Folglich ist Viereck ABCD ein Parallelogramm.
Dabei ist D - im Falle einer nicht entarteten Raute M_3EM_4D -
der von E verschiedene Schnittpunkt von K_3 und K_4.
Man erkennt leicht, daß ein ebenes mechanisches Gelenkgebilde
eines Rautenvierblatts (in gewissen Flächenbereichen) ebenfalls die Konstruktion eines 4. Parallelogrammpunktes ermög-
licht.

Anmerkung: Liegen die Punkte A, B und C auf einer Geraden g,
so führt die Konstruktion zu einem Punkt D auf g, so daß
$\overrightarrow{CD} = \overrightarrow{BA}$.

Aufgabe 3

1. Beweis

Man errechnet leicht, daß für $n \in N$ gilt:

$$n^6 \equiv \begin{cases} 0 \mod 9, \text{ wenn } n \equiv 0 \mod 3 \\ 1 \mod 9, \text{ wenn } n \not\equiv 0 \mod 3. \end{cases}$$

Daher ist, wenn $a_i \in N$ $(i = 1,2, \ldots, 7)$,

$$a_1^6 + a_2^6 + \ldots + a_7^6 \not\equiv 8 \mod 9.$$

Folglich läßt sich keine Zahl $a = 9k + 8$ $(k \in N_o)$ in der angegebenen Weise darstellen.

Verallgemeinerung:

Nach Sätzen von Fermat und Euler gilt für jede Primzahl p und jede Zahl $a \in N$, wenn $m := \varphi(p^r) = p^r - p^{r-1}$ mit $r \in N$,

$$a^m \equiv \begin{cases} 1 \mod p^r, \text{ wenn } p \text{ und } a \text{ teilerfremd sind} \\ 0 \mod p^r, \text{ wenn } p \text{ und } a \text{ nicht teilerfremd sind;} \end{cases}$$

dabei ergibt sich die Eulersche Funktion $\varphi(p^r)$ die Anzahl der natürlichen Zahlen $< p^r$ an, die nicht durch p teilbar sind.

Soll nun durch

$$(1) \qquad a = a_1^m + a_2^m + \ldots + a_k^m$$

eine Zahl der Form $p^r \cdot b + t$ $(b, t \in N_o; 0 \leq t \leq p^r - 1)$ dargestellt werden, so muß notwendigerweise $k \geq t$ sein.

Daher lassen sich für $k \leq p^r - 2$ die Zahlen der Form $p^r \cdot b + (p^r - 1)$ nicht durch (1) darstellen; dies sind die unendlich vielen natürlichen Zahlen z, für die gilt:

$$z \equiv -1 \mod p^r.$$

Der Sonderfall der Aufgabe ergibt sich durch $p = 3$, $r = 2$, $k = 7$.

2. Beweis

Es wird sofort die Verallgemeinerung bewiesen, daß keine

Zahl $a = 16k + 8$ ($k \in N_o$) eine Darstellung in der Form

$a = a_1^{2n_1} + a_2^{2n_2} + \ldots + a_7^{2n_7}$ mit natürlichen Zahlen

$n_i > 1$ ($i = 1, 2, \ldots, 7$) besitzt.

Da $(2j + 1)^2 = 4j(j + 1) + 1$, ist das Quadrat einer un-

geraden Zahl $\equiv 1 \mod 8$. Für eine natürliche Zahl $n_i > 1$

ist also

$$a_i^{2n_i} \equiv \begin{cases} 1 \mod 8 \text{ bei ungeradem } a_i \\ 0 \mod 16 \text{ bei geradem } a_i. \end{cases}$$

Befinden sich unter den Zahlen $a_1, a_2, \ldots, a_7$ genau u

ungerade, so ist

$$a_1^{2n_1} + \ldots + a_7^{2n_7} \equiv \begin{cases} u \mod 8 \text{ für } 1 \leq u \leq 7 \\ 0 \mod 16 \text{ für } u = 0, \end{cases}$$

woraus die Behauptung unmittelbar folgt.

Aufgabe 4

Ersetzt man in

(1) $f(x) + f(1 - \frac{1}{x}) = x$

x durch $1 - \frac{1}{x}$ bzw. durch $\frac{1}{1-x}$, so entstehen die Gleichungen

(2) $1 - \frac{1}{x} = f(1 - \frac{1}{x}) + f(\frac{1}{1-x})$

bzw.

(3) $f(\frac{1}{1-x}) + f(x) = \frac{1}{1-x}$.

Bei beiden Ersetzungen wird der Definitionsbereich nicht über-

schritten. Nach Addition der linken und rechten Seiten von (1),

(2) und (3) findet man

$$f(x) = \frac{1}{2}(x + \frac{1}{x} + \frac{1}{1-x} - 1).$$

Man rechnet leicht nach, daß f die in der Aufgabe geforderte

Bedingung erfüllt.

Aufgaben 1978   1. Runde

1. Die Gangart eines Springers beim Schachspiel wird so ge-
    ändert, daß er statt der üblichen Bewegung um 1 und 2
    Felder in zueinander senkrechten Richtungen eine solche
    um p und q Felder ausführt. Das Schachbrett sei dabei
    nach allen Seiten unbegrenzt. Nach n Zügen steht der
    Springer wieder auf dem Ausgangsfeld.
    Man beweise, daß n stets eine gerade Zahl ist.

2. Ein Satz von n^2 Spielmarken besteht aus je n Stück mit
    den Aufschriften "1", "2", "3",...,"n". Kann man sie
    alle so in gerader Linie aufreihen, daß immer zwischen
    einer Marke mit der Aufschrift "x" und der nächsten
    Marke mit der Aufschrift "x" genau x Marken mit von "x"
    verschiedener Aufschrift liegen und das für alle
    $x \in \{1,2,...,n\}$?

3. Unter der Restsumme r(n) einer natürlichen Zahl n ver-
    steht man die Summe aller Reste, die bei Division von n
    durch die natürlichen Zahlen von 1 bis n entstehen. Man
    zeige: Ist von zwei aufeinanderfolgenden Zahlen die
    größere eine Zweierpotenz, so haben beide Zahlen die
    gleiche Restsumme.

4. Im Dreieck ABC wird A an B nach A_1, B an C nach B_1 und
    C an A nach C_1 gespiegelt. Man konstruiere das Dreieck
    ABC, falls nur die Punkte A_1, B_1, C_1 gegeben sind.

Aufgaben 1978 2. Runde

1. a, b und c seien die Seitenlängen eines Dreiecks. Weiter
    sei $R = a^2+b^2+c^2$ und $S = (a+b+c)^2$. Man beweise, daß stets
    gilt $\frac{1}{3} \leqq \frac{R}{S} < \frac{1}{2}$ und daß sich dabei die Zahl $\frac{1}{2}$ nicht durch
    eine kleinere ersetzen läßt.

2. Im Inneren eines Quadrats mit dem Flächeninhalt 1 sind
    sieben beliebige Punkte gewählt. Zusammen mit den Ecken
    des Quadrats bilden sie eine Menge M von elf Punkten.
    Betrachtet werden nun alle Dreiecke, deren Ecken zu M
    gehören.

    a) Man beweise: Mindestens eines dieser Dreiecke hat
        einen Flächeninhalt, der höchstens $\frac{1}{16}$ beträgt.

    b) Man gebe ein Beispiel, bei dem die sieben Punkte
        so gewählt sind, daß keine vier von ihnen auf
        einer Geraden liegen und der Flächeninhalt eines
        jeden der betrachteten Dreiecke mindestens $\frac{1}{16}$ be-
        trägt.

3. Sünn und Tacks benutzen zu einem Spiel, das über mehrere
    Runden geht, folgende Wörter: Bad, Binse, Käfig, Kosewort,
    Maitag, Name, Pol, Parade, Wolf. Zwei Wörter gelten als
    verträglich miteinander, wenn sie genau einen Konsonanten
    gemeinsam haben.
    In der 1. Runde bestimmt Sünn für sich und für Tacks je
    eines der neun Wörter als Startwort. In jeder weiteren
    Runde nennt zuerst Sünn ein Wort, das mit seinem Wort
    aus der vorhergegangenen Runde verträglich ist, darauf

nennt Tacks seinerseits ein mit seinem Wort aus der vor-
hergegangenen Runde verträgliches Wort.

Tacks hat gewonnen, wenn in der Folge der abwechselnd von
Sünn und Tacks genannten Wörter zwei unmittelbar benach-
barte Wörter gleich sind.

a) Man zeige, daß Tacks bei geschicktem Spiel immer
gewinnt. Wie viele Runden sind dazu höchstens
nötig?

b) Auf Wunsch von Sünn wird das Wort "Käfig" durch
das Wort "Feige" ersetzt. Man zeige, daß nun
Tacks nicht mehr gewinnen kann, falls Sünn die
Startwörter geeignet wählt und geschickt spielt.

4. Die Darstellung einer Primzahl im Zehnersystem habe die
Eigenschaft, daß jede Permutation der Ziffern wieder die
Dezimaldarstellung einer Primzahl ergibt.
Man zeige, daß bei jeder möglichen Anzahl der Stellen
höchstens drei verschiedene Ziffern in der Dezimaldar-
stellung vorkommen.
Man beweise auch eine Verschärfung dieses Satzes.

Lösungen 1978   1. Runde

1. Aufgabe

Vorbemerkung:

Damit überhaupt sinnvoll von Zügen gesprochen werden kann, muß mindestens eine der beiden Zahlen p und q von 0 verschieden sein. Ist genau eine der beiden Zahlen 0, wird der Springer bei jedem Zug nur horizontal oder nur vertikal bewegt. Da der Springer auf seinem Ausgangsfeld ankommen soll, muß die Anzahl der Aufwärtsbewegungen des Springers gleich der Anzahl der Abwärtsbewegungen, die Anzahl der Rechtsbewegungen gleich der Anzahl der Linksbewegungen sein. Die Anzahl der Züge in horizontaler Richtung und die Anzahl der Züge in vertikaler Richtung ist also gerade, mithin auch die Gesamtzahl der Züge. Bei den folgenden Beweisen wird der angegebene fast triviale Fall ausgeschlossen, p und q werden also als natürliche Zahlen vorausgesetzt.

1. Jeder Zug läßt sich in einen horizontalen p- (bzw. q-) Zug und einen vertikalen q- (bzw. p-) Zug aufspalten.

   In der folgenden Überlegung werden die horizontalen und vertikalen Bewegungen getrennt betrachtet.

   Die Annahme, der Springer sei nach einer ungeraden Anzahl von Zügen zu seinem Ausgangsfeld zurückgekehrt, führt bei getrennter Richtungsbetrachtung zu den Gleichungen

$$(1)\ u_1 p + g_1 q = 0, \quad (2)\ g_2 p + u_2 q = 0,$$

wobei g_1 und g_2 gerade, u_1 und u_2 ungerade ganze Zahlen sind.

Multipliziert man beide Seiten von (1) mit u_2 und beide

Seiten von (2) mit g_1, so erhält man nach Subtraktion

der gewonnenen Gleichungen $(u_1u_2-g_1g_2)p = 0$. Wegen $p \neq 0$

folgt hieraus $u_1u_2 = g_1g_2$. Da u_1u_2 ungerade und g_1g_2

gerade ist, ergibt sich hieraus der gewünschte Widerspruch.

2. Bezeichnet man den größten gemeinsamen Teiler von p und q

   mit g, so ist von den beiden natürlichen Zahlen $\frac{p}{g}$ und $\frac{q}{g}$

   höchstens eine gerade.

   Man legt nun ein rechtwinkliges Koordinatensystem so über

   das Spielfeld, daß die Feldmitten zu Gitterpunkten werden

   und der Nullpunkt des Koordinatensystems im Startfeld

   liegt (s. Abbildung). Durch die

   Vorschrift

$$d(x,y) = \begin{cases} \dfrac{x}{g}, & \text{falls } \dfrac{p}{g} \text{ und } \dfrac{q}{g} \text{ ungerade,} \\[2ex] \dfrac{x+y}{g} & \text{sonst,} \end{cases}$$

definiert man auf der Menge der Paare ganzer

Zahlen, also hier auf der Menge der Felder,

eine Funktion mit rationalen Werten, wobei

das Startfeld den Wert 0 hat und nach jedem

Zug der Wert des erreichten Feldes gegen-

über dem des verlassenen Feldes um eine un-

gerade Zahl geändert ist.

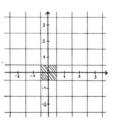

Der Wert 0 kann somit erst wieder nach einer geraden Anzahl

von Zügen erreicht werden.

3. Man legt wie bei Lösung 2 ein Koordinatensystem über das

   Spielfeld. Jeder Springerzug bedeutet dann eine Verschie-

   bung um einen der folgenden acht Vektoren:

$$\binom{p}{q}, \; \binom{p}{-q}, \; \binom{-p}{q}, \; \binom{-p}{-q}, \; \binom{q}{p}, \; \binom{q}{-p}, \; \binom{-q}{p}, \; \binom{-q}{-p}.$$

Führt nun der Springer insgesamt auf seinem Weg s_1 Züge der

ersten Art, s_2 Züge der zweiten Art usw. aus und endet wieder auf dem Startfeld, so hat er $s_1+s_2+s_3+s_4+s_5+s_6+s_7+s_8$

Züge durchgeführt, und es muß gelten:

$$s_1 \binom{p}{q} + s_2 \binom{p}{-q} + s_3 \binom{-p}{q} + s_4 \binom{-p}{-q} + s_5 \binom{q}{p} + s_6 \binom{q}{-p} + s_7 \binom{-q}{p} + s_8 \binom{-q}{-p} = \binom{0}{0}.$$

Setzt man $t_1=s_1-s_4$, $t_2=s_2-s_3$, $t_3=s_5-s_8$ und $t_4=s_6-s_7$, so ist

die Summe der t_i genau dann gerade, wenn dies für die Summe

der s_i gilt, da beide Summen sich um die gerade Zahl

$2(s_4+s_3+s_8+s_7)$ unterscheiden. Die Auflösung der obigen

Vektorgleichung nach Komponenten liefert dann das Gleichungssystem

(1) $p(t_1+t_2) + q(t_3+t_4) = 0$,   (2) $p(t_3-t_4) + q(t_1-t_2) = 0$.

Nach Umformung zu

(1) $p(t_1+t_2) = -q(t_3+t_4)$,   (2) $q(t_1-t_2) = -p(t_3-t_4)$

erhält man nach Multiplikation der linken und rechten Seiten

$$pq(t_1^2-t_2^2) = pq(t_3^2-t_4^2),$$

also wegen $pq \neq 0$: $t_1^2-t_2^2 = t_3^2-t_4^2$.

Dies ergibt wegen $t^2 \equiv t \pmod 2$ und $-t \equiv t \pmod 2$:

$t_1+t_2+t_3+t_4 \equiv 0 \pmod 2$. Die Summe der t_i ist also gerade,

somit auch die Gesamtzahl der Züge.

2. Aufgabe

Vorbemerkung:

Da die Aufgabe für n=1 sinnlos ist, genügt es, die Aufreihungsmöglichkeit für den Fall n $\geq$ 2 zu untersuchen. Man zeigt, daß die Annahme der Existenz einer Aufreihung mit der geforderten Eigenschaft zum Widerspruch führt.

1. Die Intervalle zwischen zwei aufeinanderfolgenden Marken
mit der Aufschrift "n" enthalten je n Marken. Da es n-1
derartige Intervalle gibt, liegen zwischen der ersten
Marke mit der Aufschrift "n" und der letzten Marke mit
dieser Aufschrift unter Einschluß der beiden genannten

Marken $(n-1)n + n$, also alle n^2 Marken. Die erste und
die letzte Marke tragen also die Aufschrift "n".
Von den n Marken mit der Aufschrift "n-1" müssen (nach
dem Schubfachprinzip) mindestens zwei gemeinsam in mindestens einem der genannten n-1 Intervalle liegen. Dann
können aber zwischen diesen beiden höchstens n-2 Marken
liegen, was einen Widerspruch zur verlangten Aufreihungs-
eigenschaft bedeutet.

2. Die Plätze der Marken seien der Reihe nach mit
   $1, 2, \ldots n^2$ numeriert. Wie bei Lösung 1 gezeigt wurde, muß die Marke auf Platz 1 die Aufschrift "n"
   tragen. Dann haben die weiteren Marken mit der Aufschrift "n" die Plätze $n+2$, $2n+3, \ldots$, $(n-1)n+n$ $(=n^2)$.
   Ist nun k die kleinste unter den Nummern der von
   Marken mit der Aufschrift "n-1" belegten Plätze,
   so haben die Marken mit dieser Aufschrift die Plätze mit
   den Nummern k, $k+n$, $k+2n$, $\ldots$, $k+(n-1)n$. Dabei ist $1 < k \leq n$;
   die zweite Bedingung für k ergibt sich wegen $k+(n-1)n \leq n^2$.

   Demnach ist der Platz mit der Nummer $(k-1)n+k$ zugleich mit einer Marke mit der Aufschrift "n" und
   einer Marke mit der Aufschrift "n-1" belegt. Widerspruch!

3. Die ganze Reihe der n^2 Felder wird um das Ziffer-
   blatt einer Uhr mit n Stunden gewickelt, so daß
   jeder Stunde n Felder zugeordnet sind. Dabei rückt
   man bei jeder Umwicklung hinsichtlich der Besetzung
   mit Feldern, deren Marken die Aufschrift "n" tragen,
   um eine Stunde vor, belegt also mit "n" jede Stunde
   genau einmal. Die Felder zu Marken "n-1" müssen jedoch alle über einer Stunde aufgehäuft werden, so
   daß zu dieser Stunde mindestens n+1 Felder gehören,
   was zum Widerspruch führt.

3. Aufgabe
----

1. Die Teiler von 2^n $(n \in N_0)$ sind $1, 2, 2^2, \ldots, 2^n$. 2^n hat
   also genau n Teiler, die kleiner als 2^n sind.
   $2^n - 1$ läßt bei Division durch 2^i $(i < n)$ den Rest $2^i - 1$,
   denn

   $$2^n - 1 = 2^n - 2^i + 2^i - 1 = 2^i (2^{n-i} - 1) + 2^i - 1.$$

   Teilt man 2^n durch eine natürliche Zahl, die kein Teiler
   von 2^n ist, so ist der Rest um 1 größer als bei Division
   von $2^n - 1$ durch diese Zahl.
   Da die Anzahl der natürlichen Zahlen, die kleiner als 2^n
   aber keine Teiler von 2^n sind, $2^n - 1 - n$ beträgt, erhält man:

   $$r(2^n) - r(2^n - 1) = 2^n - 1 - n - \sum_{i=0}^{n-1} (2^i - 1)$$

   $$= 2^n - 1 - n + n - \sum_{i=0}^{n-1} 2^i$$

   $$= 2^n - 1 - (2^n - 1) = 0.$$

   2^n und $2^n - 1$ haben also die gleiche Restsumme.

2. Mit Hilfe der Gaußklammer ($[x] := $ größte ganze Zahl $\leqq x$)
      gibt man den Rest r, den q bei Division durch p
   läßt, an als $r = q - p \cdot [q : p]$.
   Hiermit ergibt sich:

   $$r(2^n) - r(2^b - 1) = \sum_{i=1}^{2^n - 1} (2^n - i \cdot [2^n : i]) - \sum_{i=1}^{2^n - 1} (2^n - 1 - i \cdot [(2^n - 1) : i])$$

   $$= \sum_{i=1}^{2^n - 1} (2^n - 2^n + 1) - \sum_{i=1}^{2^n - 1} i \cdot ([2^n : i] - [(2^n - 1) : i])$$

   $$= 2^n - 1 - \sum_{\substack{i=1 \\ i \text{ teilt } 2^n}}^{2^n - 1} i$$

   $$= 2^n - 1 - \sum_{j=1}^{n-1} 2^j$$

   $$= 2^n - 1 - (2^n - 1) = 0.$$

Ergänzung:

Bei beiden Lösungen wird die vom Rechnen mit Dualzahlen

oder geometrischen Summen her bekannte Formel $\sum\limits_{i=0}^{n-1} 2^i = 2^n - 1$

benutzt. Beweis erfolgt zum Beispiel durch vollständige

Induktion oder mit Hilfe der Umformung:

$$\sum_{i=0}^{n-1} 2^i = (2-1) \sum_{i=0}^{n-1} 2^i = \sum_{i=0}^{n-1} 2^{i+1} - \sum_{i=0}^{n-1} 2^i = \sum_{i=1}^{n} 2^i - \sum_{i=0}^{n-1} 2^i = 2^n - 1.$$

4. Aufgabe

Vorbemerkung:

Grundkonstruktionen wie das Teilen einer Strecke im vorgegebenen

Verhältnis, Parallelverschiebung, Addition von Pfeilen und Multi-

plikation von Pfeilen mit rationalen Zahlen können als geläufig

vorausgesetzt werden und bedürfen keiner eigenen Beschreibung.

1. Die Verlängerung von AC schneide A_1B_1 in T,

   die Parallele zu AC durch B schneide A_1B_1

   in U. Dann ist nach Strahlensatz und Voraus-

   setzung

   $$\overline{A_1U} : \overline{UT} = \overline{A_1B} : \overline{BA} = 1$$

   und $\overline{UT} : \overline{TB_1} = \overline{BC} : \overline{CB_1} = 1.$

   Hieraus folgt, daß T die Seite A_1B_1 im Ver-

   hältnis 2 : 1 teilt. Entsprechendes gilt für die beiden an-

   deren Seiten, woraus sich die Konstruktion unmittelbar er-

   gibt.

2. Bei dieser Lösung wird der Satz benutzt, daß sich bei
   Dreiecken gleicher Höhe die Flächeninhalte zueinander
   verhalten wie die Grundseiten. Dabei
   bezeichne $f(XYZ)$ den Flächeninhalt
   des Dreiecks mit den Ecken X, Y und Z.
   Verlängert man AC bis zum Schnittpunkt
   T mit A_1B_1 und verbindet B_1 mit A und
   A_1 mit C, so hat man:

   $f(BA_1C) = f(ABC) = f(ACB_1) =: f$.

   Mit den Bezeichnungen $x := f(CA_1T)$ und
   $y := f(CTB_1)$ erhält man aus dem oben angegebenen Satz:

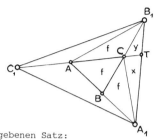

$$(1)\quad \frac{\overline{A_1T}}{\overline{TB_1}} = \frac{f(CA_1T)}{f(CTB_1)} = \frac{x}{y} \qquad (2)\quad \frac{\overline{A_1T}}{\overline{TB_1}} = \frac{f(AA_1T)}{f(ATB_1)} = \frac{x+2f}{y+f}$$

Aus (1) und (2) folgt $\frac{x}{y} = \frac{x+2f}{y+f}$, also $\frac{x}{y} = 2$.

T teilt also beide Seiten A_1B_1 im Verhältnis 2 : 1,
woraus sich, da das Entsprechende für die anderen
beiden Seiten gilt, die Konstruktion ergibt.

3. Sind $\vec{a}$, $\vec{b}$, und $\vec{c}$ die Ortsvektoren von
   A, B und C, so erhält man als Ortsvek-
   toren von A_1, B_1 und C_1:

   $\vec{a}_1 = 2\vec{b} - \vec{a}$, $\vec{b}_1 = 2\vec{c} - \vec{b}$, $\vec{c}_1 = 2\vec{a} - \vec{c}$.

   Auflösen dieser drei linearen Gleichungen
   nach a, b und c ergibt:

   $$\vec{a} = \frac{1}{7}(\vec{a}_1 + 2\vec{b}_1 + 4\vec{c}_1), \quad \vec{b} = \frac{1}{7}(\vec{b}_1 + 2\vec{c}_1 + 4\vec{a}_1) \text{ und } \vec{c} = \frac{1}{7}(\vec{c}_1 + 2\vec{a}_1 + 4\vec{b}_1).$$

   Nach Wahl eines beliebigen Nullpunkts hat man mit diesen
   Ausdrücken unmittelbar eine Konstruktionsanweisung für
   A, B und C.

4. Das Produkt der zentrischen Streckungen S_{A_1}, S_{B_1}, S_{C_1}
   von A_1, B_1 C_1 aus mit dem Streckfaktor $\frac{1}{2}$ ist wieder
   eine zentrische Streckung, weil das Produkt der
   Streckfaktoren von 1 verschieden ist. Diese zentrische Streckung werde mit S bezeichnet. Dabei ist

A Fixpunkt von S, denn:

($§$) S_A : A$\longmapsto$B, S_B : B$\longmapsto$C, S_C : C$\longmapsto$A.

Als Fixpunkt - und damit Zentrum - der Streckung S
wird A auf folgende Weise konstruiert: Anwendung
von S auf einen beliebigen Punkt P liefert einen
Bildpunkt P'. Ist P = P', so ist A = P. Sonst liegt
A auf (PP'). Nach Wahl eines weiteren Punktes Q
außerhalb von (PP') und Konstruktion des Bildpunk-
tes bezüglich der Abbildung S findet man A als
Schnittpunkt von (PP') und (QQ'). Die Konstruktion von B und C erfolgt dann nach ($§$).

Bemerkungen zu weiteren Lösungen:
Aus der großen Anzahl weiterer Lösungsmöglichkeiten sollen noch drei skizziert werden:

5: Man weist nach, daß die Seitenmitten des Mitten-
   dreiecks zu $A_1B_1C_1$ auf den Seiten des Dreiecks
   ABC liegen, woraus sich sofort eine Konstruktions-
   möglichkeit für das Dreieck ABC ergibt.

6: Spiegelt man A_1 an C_1 nach A_2, B_1 an A_1 nach B_2
   und C_1 an B_1 nach C_2, so ist das Dreieck $A_2B_2C_2$
   perspektiv ähnlich zu Dreieck ABC. Streckzentrum
   ist der gemeinsame Dreiecksschwerpunkt, Streckfaktor ist 7.

7: Durch Einzeichnen zusätzlicher
   Strecken (s. Abb.) zerlegt man
   Dreieck $A_1B_1C_1$ in sieben Teildreiecke, die alle flächengleich
   zu Dreieck ABC sind. Weil daher
   jedes Teildreieck $\frac{1}{7}$ der Fläche
   des großen Dreiecks hat, läßt
   sich z.B. für A als Spitze des
   Dreiecks $B_1C_1A_1$ wie für A als
   Spitze des Dreiecks C_1A_1A nach

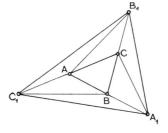

Siebenteilung der Seiten des großen Dreiecks je
eine Ortslinie angeben.

Lösungen 1978   2. Runde

1. Aufgabe

Es ist zu zeigen: a) $\frac{1}{3} \leq \frac{R}{S}$,

b) $\frac{R}{S} < \frac{1}{2}$,

c) Für jede reelle Zahl r, die kleiner
als $\frac{1}{2}$ ist, gibt es ein Dreieck, für
das gilt: $\frac{R}{S} \geq r$.

Zu a): $3 R - S = 3 (a^2+b^2+c^2) - (a+b+c)^2$

$= 2a^2+2b^2+2c^2-2ab-2bc-2ac$

$= (a-b)^2 + (a-c)^2 + (c-a)^2$

Der zuletzt erhaltene Ausdruck ist als Summe von Quadraten nicht negativ; er wird genau dann null, wenn
a = b = c.
Aus 3R - S $\geq$ 0 erhält man wegen S > 0 die gewünschte
Ungleichung. Anstatt Längen von Dreiecksseiten zu betrachten, genügt es, a, b und c als beliebige reelle
Zahl mit a+b+c ≠ 0 vorauszusetzen.

Zu b): 1. Beweis

Nach dem Cosinussatz gilt: $a^2+b^2 = c^2 + 2ab \cdot \cos \gamma$ (§).

$S - 2R = (a+b+c)^2 - 2(a^2+b^2+c^2)$

$= 2ab + 2bc + 2ca - a^2 - b^2 - c^2$

$= 2ab + 2bc + 2ca - 2c^2 - 2ab \cdot \cos \gamma$ (nach(§))

$= 2ab(1 - \cos \gamma) + 2c(b+a-c)$

Der erste Klammerausdruck in der vorhergehenden Zeile ist
positiv, da γ zwischen 0° und 180° liegt (im strengen Sinn),

der zweite ist positiv, da nach der Dreiecksungleichung

gilt b+a > c.

Aus S - 2R > 0 ergibt sich (S > 0) die Ungleichung $\frac{R}{S} < \frac{1}{2}$.

2. Beweis

Da die zu beweisende Ungleichung symmetrisch in a, b,

c ist, darf ohne Beschränkung der Allgemeinheit ange-

nommen werden a ≦ b ≦ c; dann erhält man wegen der Drei-

ecksungleichung a+b > c: 0 ≦ c - a < b.

Quadrieren führt zu $c^2 - 2ac + a^2 < b^2$

also $c^2 + a^2 - b^2 < 2ac$ (I).

Durch Multiplikation mit 2b erhält man aus der Drei-

ecksungleichung b < a+c

$$2b^2 < 2ab + 2bc \quad (II).$$

Addition von (I) und (II) führt zu $a^2+b^2+c^2 < 2ab+2bc+2ac$,

was nach Addition von $a^2 + b^2 + c^2$ auf beiden Seiten 2R < S,

also $\frac{R}{S} < \frac{1}{2}$ ergibt.

Zu c): Die reelle Zahl $r < \frac{1}{2}$ sei vorgegeben. Man wählt nun eine

natürliche Zahl n > 2 mit $n > \frac{2}{1-2r}$ und betrachtet das Drei-

eck mit den Seitenlängen a = b = n-1, c = 2:

Hierfür erhält man: $\frac{R}{S} = \frac{2n^2-4n+6}{4n^2}$

$$= \frac{n^2+3}{2n^2} - \frac{1}{n}$$

$$> \frac{1}{2} - \frac{1}{n}$$

$$> \frac{1}{2} - \frac{1-2r}{2}$$

$$= r \qquad , \text{ also } \frac{R}{S} > r.$$

2. Aufgabe

Zu a): Es genügt zu zeigen, daß sich bei vollständiger Triangulation von M 16 Dreiecke ergeben, denn da dann die
Gesamtfläche aller Dreiecke die Quadratfläche, also
eine Fläche vom Inhalt 1 ergibt, können nicht alle
Dreiecke mit ihrem Flächeninhalt $\frac{1}{16}$ - den durchschnitt-
lichen Flächeninhalt - übertreffen. Die Tatsache, daß
eine vollständige Triangulation stets möglich ist, ergibt sich aus Beweis 3.

1. Beweis

Es bezeichne k die Anzahl der Dreiecksseiten (ohne
Mehrfachzählung) und f die Anzahl der Dreiecksflächen.
Für die nach vollständiger Triangulation erhaltene
Figur mit 11 Ecken gilt dann nach dem Eulerschen
Polyedersatz (e-k+f=1): 11 - k + f = 1, also
2 f = 2k - 20 (I).
Da zu jeder Seite - außer den vier Quadratseiten -
zwei Dreiecksflächen gehören und jedes Dreieck drei
Seiten hat, gilt außerdem:

$$k = \frac{3f + 4}{2} \quad , \quad \text{somit} \quad 3f = 2k - 4 \text{ (II)}.$$

Aus (I) und (II) folgt sofort durch Subtraktion: f = 16.

2. Beweis

Wir betrachten die Summe S aller innerhalb des Quadrats auftretenden Winkelgrößen. Da jedes Dreieck 180°
beiträgt, gilt bei f Dreiecken: $S = f \cdot 180^\circ$. Anderer-
seits gehören zu den sieben Punkten im Innern des Quadrats je 360°, zu den vier Quadratecken je 90°; dies
liefert: $S = 7 \cdot 360^\circ + 4 \cdot 90^\circ$.
Durch Gleichsetzen der für S erhaltenen Werte ergibt
sich $f \cdot 180^\circ = 8 \cdot 360^\circ$. Also ist f = 16.

3. Beweis

Da nicht eine spezielle Triangulation vorgegeben ist,
sondern alle Dreiecke mit Ecken aus M zur Konkurrenz
zugelassen sind, genügt die Angabe eines Verfahrens,
das zu einer Zerlegung des Quadrats in 16 der betrachteten Dreiecke führt.

Die sieben im Inneren des Quadrats gewählten Punkte
seien mit P_1, P_2, ..., P_7 bezeichnet. Man verbinde P_1
mit den vier Quadratecken, wodurch vier Dreiecke entstehen. Für $i \in \{2, 3, 4, 5, 6, 7\}$ gehe man nun nach-
einander auf folgende Weise vor: Liegt P_i nicht auf
dem Rand eines bereits gezeichneten Dreiecks, verbinde man P_i mit den drei Ecken des Dreiecks, in dem P_i
liegt. Liegt P_i auf der Dreiecksseite s, verbinde man
P_i mit den gegenüberliegenden Ecken der beiden Dreiecke, zu denen s gehört. Im ersten Fall entfällt ein
altes Dreieck und man erhält drei neue, im zweiten
Fall werden zwei alte durch vier neue Dreiecke ersetzt. In beiden Fällen erhöht sich die Anzahl der
Dreiecke um zwei, so daß man nach Verarbeitung von
P_7 $4 + 6 \cdot 2$ Dreiecke, also die gewünschte Anzahl 16
hat.

Es sei ausdrücklich darauf hingewiesen, daß aus Beweis 3 nicht geschlossen werden kann, daß jede vollständige Triangulation der vorgegebenen Figur aus
elf Ecken zu 16 Dreiecken führt.

Zu b): Zur Festlegung der sieben zu wählenden Punkte stelle
man sich das Quadrat so in einem rechtwinkligen Koordinatensystem vor, daß sich als Eckpunkte A(0,0),
B(1,0) C(1,1) und D(0,1) ergeben.
Man wählt die Punkte $P_1(\frac{1}{8},\frac{5}{8})$, $P_2(\frac{2}{8},\frac{2}{8})$, $P_3(\frac{3}{8},\frac{7}{8})$,
$P_4(\frac{4}{8},\frac{4}{8})$, $P_5(\frac{5}{8},\frac{1}{8})$, $P_6(\frac{6}{8},\frac{6}{8})$, $P_7(\frac{7}{8},\frac{3}{8})$.

Es reicht nun nicht, eine spezielle Triangulation
anzugeben, bei der alle entstandenen Dreiecke einen
Flächeninhalt der geforderten Mindestgröße haben.
Es ist vielmehr nachzuweisen, daß der Flächeninhalt eines jeden Dreiecks, dessen Eckenmenge aus
$\{A, B, C, D, P_1, P_2, P_3, P_4, P_5, P_6, P_7\}$ gewählt
ist, mindestens $\frac{1}{16}$ beträgt.

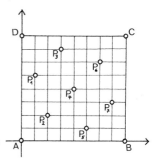

In der Darstellung rechts sind die
im folgenden benutzten Symmetrie-
und Parallelitätsbeziehungen unmittelbar durch Abzählen der Kästchen zu verifizieren. Vorgegeben
sei nun eines der betrachteten Dreiecke. Da die Figur aus den elf Punkten zur Geraden (AC) achsensymmetrisch
ist, darf man annehmen, daß eine Dreiecksseite ganz im Dreieck ABC (einschließlich Rand) liegt, da man sonst
die Fläche des an der Geraden durch A
und C gespiegelten Dreiecks untersuchen kann. Weiterhin liegt - ggf. nach Spiegelung an der Geraden durch
B und D - ein Eckpunkt dieser Seite im Dreieck ABP_4.
Bei den Paaren von nach den vorhergehenden Einschrän-
kungen zur Betrachtung übriggebliebenen Grundseiten,
die achsensymmetrisch zur Geraden durch B und D liegen, reicht jeweils die Einbeziehung von einer der
Seiten des Paares in die folgenden Untersuchungen.
Schließlich genügt es, zu jeder Geraden, auf der
Grundseiten der noch zu betrachtenden Art liegen,
eine Grundseite minimaler Länge auszuwählen und hier-
zu ein Dreieck minimaler Höhe zu untersuchen, da die
für die "Minimaldreiecke" nachgewiesene untere Schranke für den Flächeninhalt für die Dreiecke mit vergrößerter Grundseite oder vergrößerter Höhe dann
erst recht gilt.

Nach dieser Überlegung bleiben Dreiecke mit folgenden Grundseiten:

AP_2, AP_5, AP_7, AB, P_2P_5, P_2P_7, P_4P_5, P_4B, P_5P_7 und P_5B.

Die Wahl von jeweils minimalen Höhen ergibt folgende Dreiecke:

AP_2P_5, AP_2P_7, P_4P_5B, ABP_5 und $P_4P_5P_7$.

Die ersten beiden Dreiecke sind flächengleich, da $AP_5P_7P_2$ eine Raute ist, das dritte und das fünfte Dreieck sind flächengleich, da $BP_7P_4P_5$ Raute ist.

Die Flächengleichheit des ersten Dreiecks mit dem dritten ergibt sich bei Betrachtung der Rauten $AP_5P_7P_2$ und $P_2P_5P_7P_4$. Das vierte Dreieck hat
- bei Grundseiten der Länge 1, Höhe $\frac{1}{8}$ den Flächeninhalt $\frac{1}{16}$.

Damit ist nur noch zu zeigen, daß das erste, zweite, dritte oder fünfte Dreieck ebenfalls einen Inhalt von nicht weniger als $\frac{1}{16}$ hat. Dies ergibt sich z.B. beim Dreieck $P_4P_5P_7$ so: wählt man P_5P_7 als Grundseite, so ist die Höhe ebenso wie die Grundseite zwei Kästchendiagonalen lang, die Fläche also so groß wie vier Kästchen, somit vom Inhalt $\frac{1}{16}$, was noch nachzuweisen war.

3. Aufgabe

Zu a): Der Graph der Relation "verträglich"
ist zusammenhängend; jedes Wort kann
also von jedem anderen Wort aus - ggf.
über Zwischenstationen - erreicht werden. Insbesondere kann Tacks - falls
er nicht schon vorher gewonnen hat -
spätestens in der vierten Runde das
Wort Käfig (KFG) wählen. Nennt nun Sünn
ebenfalls KFG, ist das Spiel zu Ende.
Anderenfalls spielt Tacks auf folgende Weise weiter: Nennt Sünn MTG, KSWRT
oder WLF, wiederholt Tacks das zuletzt genannte Wort und
hat gewonnen. Nennt Sünn NM, BD oder PL, so wählt Tacks
KSWRT und kann dann beim nächsten Mal jedes der noch für
Sünn möglichen Wörter MTG, BNS, PRD, WLF erreichen.
Zu untersuchen bleibt der Fall, daß Sünn BNS oder PRD
nennt; wegen der Symmetrie des Graphen genügt die Untersuchung für den Fall, daß Sünn BNS wählt. Dann entschei-
det sich Tacks für MTG. Nun verliert Sünn bei Wahl von
NM oder KSWRT sofort, da Tacks das gleiche Wort wählt;
wählt Sünn statt dessen BD, so nennt Tacks KSWRT und
kann in der folgenden Runde das Wort von Sünn wiederholen.
Die beschriebene Strategie für Tacks ist unten im Dia-
gramm dargestellt; zur besseren Übersicht wurden für die
Züge von Sünn kleine Buchstaben benutzt.

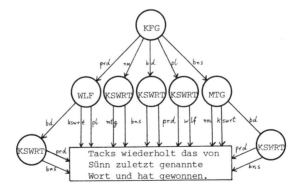

Da Tacks spätestens in der vierten Runde KFG wählen
kann und bei der angegebenen Strategie im ungünstig-
sten Fall noch drei Runden zum Sieg braucht, sind
insgesamt zum Gewinn von Tacks höchstens sieben Runden nötig.

Im Anschluß an b) wird gezeigt, daß diese Rundenzahl
bei optimalem Spiel von Sünn tatsächlich zum Gewinn
von Tacks erforderlich ist.

<u>Zu b):</u> Nach Ersetzung von KFG durch FG ist aus
dem Verträglichkeitsgraphen ein paarer
Graph geworden: die Mengen A und B mit
A = {BNS, PRD, WLF, MTG} ,
B = {BD, PL, KSWRT, FG, NM} bilden zu-
sammen die Knotenmenge des Graphen und
keine Verbindung besteht zwischen zwei
Knoten der Menge A oder der Menge B.

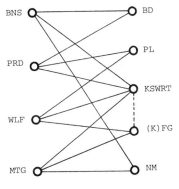

Jeder zulässige Übergang von einem Wort
zu einem anderen bedeutet daher einen
Wechsel von A nach B oder von B nach A.
Wählt nun Sünn zu Beginn z.B. für sich
ein Startwort aus A und für Tacks ein
Startwort aus B, so liegt das von Sünn zuletzt genannte
Wort immer gerade in der Menge, die Tacks mit seiner Wort-
nennung verlassen muß. Ein Gewinn für Tacks ist also nur
dann möglich, wenn Sünn das in der letzten Runde von Tacks
genannte Wort wiederholt. Da aber zu jedem Wort mindestens
zwei mit ihm verträgliche Wörter zur Auswahl stehen, braucht
Sünn nie das von Tacks zuletzt genannte Wort zu wiederholen,
so daß Tacks bei geschicktem Spiel von Sünn nicht mehr gewinnen kann.

Ersetzt man wieder FG durch KFG, ist der Graph nicht mehr paar;
will man die Knotenmenge so zerlegen, daß innerhalb der Mengen
der Zerlegung keine Kanten verlaufen, braucht man mindestens
drei Mengen. Wenn nun Sünn zu Beginn für sich PRD und für Tacks
BD wählt, so muß Tacks irgendwann KFG nennen, da sonst auch
Sünn KFG vermeidet und der Graph ohne KFG paar ist; Tacks könnte nach der Überlegung in b) nie gewinnen. Der kürzeste Weg

von BD nach KFG geht über PRD - KSWRT. Tacks kann also nach
der angegebenen Startposition frühestens in der vierten Runde
KFG erreichen. Sünn zieht entsprechend von PRD aus KSWRT - BNS
- BD und startet die fünfte Runde mit BNS. Tacks muß MTG oder
WLF nennen, wenn er einen Rückfall in die ungünstige Start-
situation vermeiden will. Die beiden letzten Züge erfolgen wie
unter a) angegeben; eine Verkürzung - außer bei fehlerhaftem
Spiel von Sünn - ist offensichtlich nicht möglich.
Das Spiel geht also bei optimalem Spiel von Sünn und Tacks
genau über sieben Runden.

4. Aufgabe

Eine natürliche Zahl, deren Dezimaldarstellung die in der
Aufgabenstellung angegebene Eigenschaft hat, wird im folgenden als "ausgezeichnet" bezeichnet.

(1) Ist $c_1 = b \cdot 10^4 + a_1$ ausgezeichnet ($b \in N_0$, $a_1 \in N$, $a_1 < 10^4$)
    und ergibt sich die Dezimaldarstellung von a_2 durch Zif-
    fernpermutation der Dezimaldarstellung von a_1, so ist
    auch $c_2 = b \cdot 10^4 + a_2$ ausgezeichnet, da die Dezimaldar-
    stellungen von c_1 und c_2 durch Ziffernpermutation aus-
    einander hervorgehen.

(2) Zum Nachweis, daß $c = b \cdot 10^4 + a$ nicht ausgezeichnet ist,
    genügt es, eine natürliche Zahl $t > 1$ und paarweise ver-
    schiedene Zahlen a_1, a_2, ..., a_t zu finden, so daß gilt:
    alle a_i ($1 \leq i \leq t$) haben Dezimaldarstellungen, die aus
    der Dezimaldarstellung von a durch Ziffernpermutation
    hervorgehen, und für jedes $i \in \{1, 2, ..., t\}$ läßt a_i bei
    Division durch t den Rest $t - i$.
    Denn bezeichnet man den Rest von $b \cdot 10^4$ bei Division durch
    t mit r, so folgt
    $$b \cdot 10^4 + a_r \equiv r + t - r \pmod{t}$$
    $$= t$$
    $$\equiv 0 \pmod{t}.$$

$b \cdot 10^4 + a_r$ ist demnach ein Vielfaches von t, also nicht

ausgezeichnet, somit kann - nach (1) auch c nicht ausge-

zeichnet sein.

Wir bedienen uns im folgenden für t der Zahlen 7 und 13.

(3) Eine ausgezeichnete Zahl $c > 9$ kann in ihrer Dezimaldar-

stellung nur Ziffern der Menge $\{1, 3, 7, 9\}$ enthalten,

da jede vorkommende Ziffer durch eine geeignete Permu-

tation zur Endziffer gemacht werden kann und bei den End-

ziffern 0, 2, 4, 6, 8 und 5 Teilbarkeit durch 2 bzw. 5

vorliegt.

Es wird nun gezeigt: Eine Zahl, in deren Dezimaldarstellung

alle vier Ziffern der Menge $\{1, 3, 7, 9\}$ vorkommen, ist nicht ,

ausgezeichnet.

Von einer vorgegebenen Zahl c_1 mit den Ziffern 1, 3, 7 und 9

gehen wir durch Ziffernpermutation zu einer Zahl der Form

$c_2 = b \ 10^4 + 1379 \quad (b \in N_o)$ über.

Wählt man nun $\quad a_1 = 1973, \quad a_2 = 1937, \quad a_3 = 1397, \quad a_4 = 1739,$

$$a_5 = 3719, \quad a_6 = 1793 \text{ und } a_7 = 1379,$$

so sind die Dezimaldarstellungen der a_i Permutationen von

1379; wegen $a_i \equiv 7-i \pmod 7$ folgt nach (2), daß c_2 nicht aus-

gezeichnet ist. Dann ist aber nach (1) auch c_1 nicht ausge-

zeichnet. Wenn also eine ausgezeichnete Zahl eine mindestens

vierstellige Dezimaldarstellung hat (-anderenfalls wäre nichts

zu beweisen gewesen-), können in dieser Darstellung höchstens

drei verschiedene Ziffern vorkommen. Diese Ziffern sind Elemen-

te der Menge $\{1, 3, 7, 9\}$.

Verschärfung: In der Behauptung von Aufgabe 4 kann "höchstens

drei Ziffern" durch "höchstens zwei Ziffern" er-

setzt werden.

Zum Beweis ist zu zeigen, daß alle Zahlen mit Dezimaldarstel-

lungen der Form

a) $c = b \cdot 10^3 + 137,$

b) $c = b \cdot 10^3 + 379,$

c) $c = b \cdot 10^3 + 139,$

d) $c = b \cdot 10^3 + 179 \quad (b \in N_o)$ nicht ausgezeichnet sind.

Zu a): Da 371 keine Primzahl ist (371 = 7·53), ist der Fall b > 0

(c hat mindestens vier Ziffern in der Dezimaldarstellung)

zu untersuchen, so daß sich unter Berücksichtigung der zur

Verfügung stehenden Ziffern folgende drei Fälle ergeben:

i) b enthält in seiner Dez.-Darst. eine 1

$$(z.B. \quad c_1 = b_1 \cdot 10^4 + 1137),$$

ii) b enthält in seiner Dez.-Darst. eine 3

$$(z.B. \quad c_1 = b_1 \cdot 10^4 + 3137),$$

iii) b enthält in seiner Dez.-Darst. eine 7

$$(z.B. \quad c_1 = b_1 \cdot 10^4 + 7137).$$

Man setze für die Fälle i) bis iii) für a_1 $(1 \leq i \leq 7)$ die

Werte gemäß untenstehender Tabelle ein:

	a_1	a_2	a_3	a_4	a_5	a_6	a_7
i)	1371	1713	1173	1137	1731	1317	3171
ii)	3317	7313	3371	3713	3173	1373	1337
iii)	3177	1377	7137	7731	1773	1737	3717

Man erhält jeweils eine siebenelementige Menge $\{a_1, a_2, \ldots, a_7\}$,

wobei a_i den Siebenerrest 7-i hat $(1 \leq i \leq 7)$. Nach den bereits

angestellten Überlegungen liegt im Falle a) also keine aus-

gezeichnete Zahl vor.

Zu b): Die Untersuchung ist wieder nur für b > 0 durchzuführen,

da 973 (= 7·139) keine Primzahl ist. Analog zu a) er-

geben sich die Fälle:

i) b enthält in seiner Dez.-Darst. eine 3

$$(z.B. \quad c_1 = b_1 \cdot 10^4 + 3379),$$

ii) b enthält in seiner Dez.-Darst. eine 7

$$(z.B. \quad c_1 = b_1 \cdot 10^4 + 7379),$$

iii) b enthält in seiner Dez.-Darst. eine 9

$$(z.B. \quad c_1 = b_1 \cdot 10^4 + 9379).$$

Man wählt die Werte $a_1, a_2, \ldots, a_7$ gemäß folgender

Tabelle:

	a_1	a_2	a_3	a_4	a_5	a_6	a_7
i)	3793	3379	3973	3937	3397	3739	9373
ii)	3779	7397	7739	3797	7793	3977	7973
iii)	7993	3799	9937	3979	9739	7939	3997

Mit der gleichen Überlegung wie in a) ergibt sich, daß auch

im Falle b) keine ausgezeichnete Zahl vorliegt.

<u>Zu c):</u> Hat die Dezimalzahl nur drei Stellen, liegt im Fall c) wegen

$931 = 7 \cdot 133$ keine ausgezeichnete Zahl vor. Da auch die Zah-

len 1139 (= $17 \cdot 67$), 1393 (= $7 \cdot 199$) und 1939 (= $7 \cdot 277$) zu-

sammengesetzt sind, ist nur noch der Fall einer mindestens

fünfstelligen Zahl zu betrachten; dabei reicht die Unter-

suchung von Zahlen der Form $c = b \cdot 10^5 + a$ mit folgenden

Fällen:

i) $a = 11139$,   ii) $a = 11339$,   iii) $a = 11399$,

iv) $a = 13339$,   v) $a = 13399$,   vi) $a = 13999$.

Die folgende Tabelle gibt für jeden Fall von i) bis v)

je sieben a_i (Permutationen der Dezimaldarstellung von

a) an, wobei a_i den Siebenerrest $7 - i$ hat:

	a_1	a_2	a_3	a_4	a_5	a_6	a_7
i)	31191	19311	31119	19113	13911	13119	11193
ii)	11339	11933	11393	31139	33119	31193	13139
iii)	19193	19913	11939	11399	11993	19139	31199
iv)	19333	31393	13339	13933	13393	33139	31339
v)	33991	19339	19933	19393	13939	13399	13993

Für Fall vi) betrachte man die folgenden dreizehn Zah-

len, deren Dezimaldarstellung sich durch Permutation

der Dezimaldarstellung von a ergibt:

$a_1 = 19993$, $a_2 = 13999$, $a_3 = 19939$, $a_4 = 91399$,

$a_5 = 99913$, $a_6 = 93919$, $a_7 = 31999$, $a_8 = 91993$,

$a_9 = 39199$, $a_{10} = 19399$, $a_{11} = 93199$, $a_{12} = 93991$,

$a_{13} = 99931$;

hierbei hat für jedes $i \in \{1, 2, 3, \ldots, 13\}$ a_i den

Dreizehnerrest $13 - i$. Also kann auch keine Zahl vom in

c) angegebenen Typ ausgezeichnet sein.

Zu d): Wie bei c) sind nur mindestens fünfstellige Dezimaldarstellungen zu betrachten, da 791 (= 7·113) zusammen-
gesetzt ist und auch durch Hinzunahme von nur einer der
in Frage kommenden Ziffern wegen 1197 = 7·171,
7791 = 7·1113 und 1799 = 7·257 keine ausgezeichneten
Zahlen entstehen können. Man geht wie bei c) von Zahlen mit einer Darstellung der Form $c = b \cdot 10^5 + a$
($b \in N_0$) aus, wobei für a folgende Fälle zu betrachten
sind:

    i) a = 11179,   ii) a = 11779,   iii) a = 11799,

    iv) a = 17779,   v) a = 17799,   vi) a = 17999.

Für i) kann man wieder dreizehn Zahlen a_i angeben, die
durch Ziffernpermutation aus der Dezimaldarstellung von
a entstehen; für alle $i \in \{1, 2, \ldots, 13\}$ hat wieder a_i
den Dreizehnerrest 13 - i:

$$a_1 = 11179, \quad a_2 = 17119, \quad a_3 = 17911, \quad a_4 = 91711,$$
$$a_5 = 71911, \quad a_6 = 19117, \quad a_7 = 11719, \quad a_8 = 17191,$$
$$a_9 = 11197, \quad a_{10} = 71191, \quad a_{11} = 91171, \quad a_{12} = 97111,$$
$$a_{13} = 11791.$$

Für ii) bis vi) werden wieder jeweils durch Ziffernpermutation aus der Dezimaldarstellung von a entstehen-
de Zahlen $a_1, a_2, \ldots a_7$ angegeben, wobei für jedes
$i \in \{1, 2, \ldots, 7\}$ a_i den Siebenerrest 7-i hat:

	a_1	a_2	a_3	a_4	a_5	a_6	a_7
ii)	97117	11779	17791	19771	11797	17179	71197
iii)	11997	79119	11799	97191	11979	17991	17199
iv)	17779	71797	77179	17797	19777	17977	77791
v)	19977	17799	19779	17979	71997	19797	17997
vi)	91979	19997	71999	19799	17999	19979	99197

Somit liegt auch im Fall d) keine ausgezeichnete Zahl vor,
womit auch die Verschärfung von Aufgabe 4 bewiesen ist.